全球再分析数据对于局地径流情势模拟效果评估分析

赵铜铁钢　陈泽鑫　陈晓宏　著

中国水利水电出版社
www.waterpub.com.cn
·北京·

内 容 提 要

全球径流再分析由气象再分析驱动水文模型生成，具有序列长、范围广、时空连续等优点，为水文模拟、水资源管理和环境建模等提供了丰富的数据信息。然而，全球径流再分析数据对于局地径流情势的模拟效果尚不明晰。本书以GloFAS-ERA5径流再分析数据为评估对象，使用分位数映射法应用加利福尼亚州主要水库出入库径流数据和全球主要水文站径流数据对原始再分析进行误差订正，评估径流再分析对于出入库径流情势与全球主要水文站径流情势的模拟效果，揭示再分析对于径流情势研究的应用价值。

本书可供水文模型、水生态保护、水库调度等相关领域的科研人员与管理工作者阅读参考。

图书在版编目（CIP）数据

全球再分析数据对于局地径流情势模拟效果评估分析/赵铜铁钢，陈泽鑫，陈晓宏著. -- 北京 : 中国水利水电出版社，2022.11
ISBN 978-7-5226-1136-5

Ⅰ. ①全… Ⅱ. ①赵… ②陈… ③陈… Ⅲ. ①地面径流－水文模型－研究 Ⅳ. ①P331.3

中国版本图书馆CIP数据核字(2022)第231104号

书　　名	**全球再分析数据对于局地径流情势模拟效果评估分析** QUANQIU ZAI FENXI SHUJU DUIYU JUDI JINGLIU QINGSHI MONI XIAOGUO PINGGU FENXI
作　　者	赵铜铁钢　陈泽鑫　陈晓宏　著
出版发行	中国水利水电出版社 （北京市海淀区玉渊潭南路1号D座　100038） 网址：www.waterpub.com.cn E-mail：sales@mwr.gov.cn 电话：（010）68545888（营销中心）
经　　售	北京科水图书销售有限公司 电话：（010）68545874、63202643 全国各地新华书店和相关出版物销售网点
排　　版	中国水利水电出版社微机排版中心
印　　刷	北京中献拓方科技发展有限公司
规　　格	170mm×240mm　16开本　6.25印张　119千字
版　　次	2022年11月第1版　2022年11月第1次印刷
印　　数	001—200册
定　　价	**36.00**元

前言

长径流序列对于水文模拟、水资源管理和环境建模等研究至关重要。由于极端天气条件、监测设备故障、记录员偶然缺席等因素，世界各地的水文数据普遍存在缺失值。一方面，径流数据可能在观测期内存在缺失值；另一方面，径流数据的历史时间跨度可能不足以满足水文模拟等业务工作的要求。全球水文模型是水文模拟、水资源管理和环境建模等的重要工具，由气象再分析驱动全球水文模型生成的径流再分析提供了丰富的数据信息。径流再分析具有序列长、范围广、时空连续等优点。

径流情势是径流的整体模式，可由径流的大小、频率、持续时间、发生时间和变化率五个特征描述。径流情势深刻影响着河流生态系统的结构和功能，对于维持河流生态系统的生物多样性和生态完整性至关重要。河道上的水库根据需要调节河流流量，从而达到兴利除害的目的。水库的运行极大地改变了下游的径流状况，从而影响河川的水位、水温、水质和河道形态等，进而影响河流的生态健康。径流再分析能够促进局地的径流情势分析，然而，全球径流再分析数据对于局地径流情势的模拟效果尚不明晰。为了较为全面地评估全球径流再分析数据对于局地径流情势的模拟效果，本书以 GloFAS - ERA5 径流再分析数据作为评估对象，评估径流再分析对出入库径流情势与全球主要水文站径流情势的模拟效果，使用分位数映射法订正再分析的误差，以提高径流情势的模拟效果。

全书的主要内容包括：在全球水文模型介绍的基础上，结合近年来对全球径流再分析评价的研究，使用分位数映射法订正再分析的误差，开展径流再分析对于出入库径流情势和全球主要水文站径流情势的模拟效果分析。

本书的出版得到了广东省“珠江人才计划”项目“水资源精细化模拟与调控新技术研发”的支持，编写过程中参考了相关文献和科研成果，在此谨向有关作者和专家表示衷心的感谢！

作者

2022 年 9 月

目录

第1章　绪　　论

1.1　研究背景与意义

全球再分析产品为水文模拟、环境建模和水资源管理等提供了有价值的信息（Bengtsson et al.，2004；Compo et al.，2011；Beck et al.，2017b；Zandler et al.，2020；Muñoz－Sabater et al.，2021）。数值预报产品通过资料同化系统，将数值预报和历史观测资料融合得到历史长期连续的全球或区域的再分析资料（Wang et al.，2011；廖捷 等，2018；Jiang et al.，2021）。再分析产品涵盖许多变量，如降水、温度、蒸发、湿度和风速等（Stefanidis et al.，2021）。再分析产品推动了对气候变化、气候诊断的研究，为大气科学、水文科学等领域提供了数据支撑（Wang et al.，2011）。通过应用大气再分析驱动全球水文模型生成高时空分辨率且长期连续的径流再分析资料，这可为水文模拟提供基础数据，特别是对于无资料地区（Beck et al.，2017a；Harrigan et al.，2020；Ibarra et al.，2021）。例如，GloFAS（Global Flood Awareness System）基于ERA5提供了空间分辨率为0.1°从1979年到近乎实时的GloFAS－ERA5径流再分析，这在许多流域被证明具有模拟效果（Harrigan et al.，2020）；GRFR（Global Reach－Level Flood Reanalysis）提供了1980—2019年逐3小时的径流数据，可作为大规模洪水分析的基准（Yang et al.，2021）。为了促进再分析资料的应用，许多研究通过对比再分析和观测资料以评估再分析资料的应用价值（吴晶璐 等，2019）。

径流作为水文循环的关键要素，分析流域径流情势的特点对流域水资源管理、防洪减灾、水生态保护等具有重要作用（夏军和朱一中，2002；唐蕴 等，2009；张利平 等，2009；王元超 等，2015；王浩 等，2021）。径流情势是径流的整体模式，可由流量的大小、特定事件发生时间和流量的变异性等特征描述，对维持河流生态系统的生物多样性和生态完整性至关重要（Poff et al.，1997）。径流情势可由径流的5个方面的特征描述，包括大小、频率、持续时间、发生时间和变化率（Richter et al.，1996；Poff et al.，1997；Richter et al.，1997）。从演变的角度来看，水生生物和河漫滩生物等河流生态系统生物从三个方面来适应径流情势的变化，即从生活史、行为和自身形态对径流情势的变化做出反应，以在洪水和干旱事件中生存（Lytle and Poff，2004；Merritt et al.，2010；Wenger et al.，2011）。与此同时，在大坝建设、气候变化、土地利用变化和河道取用水等因素的影响下，许多河流的自然径流情势在过去几十年中发生了变化（胡和平 等，2008；左其亭 等，2008；张宗娇 等，2016；周毅 等，2017；Wang et al.，2018）。径流情势的变化引发了一系列的生态响应，这会对河流生态系统的生物多样性产生影响（Poff et al.，2007；Poff and Zimmerman，2010；唐玉兰 等，2020）。

为了评估径流情势变化的生态响应，许多研究应用不同的水文指标和方法以描述与生态相关的径流变率的特征（Olden and Poff，2003），这些指标为评估水文变化和探究径流情势变化对水生生物的影响提供了基础（Wang et al.，2016）。用于表征径流情势变化最常用的水文指标为IHA（indicators of hydrologic alteration）指标，IHA指标通过对比特定人类活动事件前后的径流特征来衡量径流情势的变化（Richter et al.，1996；张爱静 等，2013；张宗娇 等，2016；唐玉兰 等，2020；王未和张永勇，2020）。RVA（Range of Variability Approach）法建立在IHA指标的基础上，以量化径流情势变化的程度，并确定受调节河流的生态管理目标（Richter et al.，1997）。由美国自然保护协会（Nature Conservancy）开发的IHA软件能够简单高效地从日径流资料中得到33个IHA指标（Mathews and Richter，2007），已被广泛应用于河流生态保护和管理（王俊娜 等，2011；程俊翔 等，2018；Cui et al.，2020）。

水库具有调节流量的作用，从而达到兴利除害的目的（Nilsson and Berggren，2000；Nilsson et al.，2005；Freeman et al.，2007；赵铜铁钢 等，2012；张晓琦 等，2022）。水库的运行极大地改变了下游的径流状况，从而影响河川的水位、水温、水质和河道形态等（Richter et al.，1996；Poff et al.，1997；Zhang et al.，2012；钟平安 等，2015；夏致远 等，2019）。水库调度的目标包括发电、防洪、灌溉、航运和供水等方面，这些调度使得水资源在时间和空间上重新进行了调配，从而影响水文循环（张永勇 等，2013；李栋楠和赵建世，2016；左其亭和梁士奎，2016；于洋 等，2017；Wu et al.，2020）。已有研究表明，大坝的建设对河流的径流情势产生影响，从而影响河流的生态健康（郭文献 等，2018b）。由于水库调度，入库径流和出库径流的差异可能会影响河流生态系统的健康状况，在水库调度中考虑生态调度是减小这种影响的一种方式（王煜 等，2013；骆文广 等，2016；王立明 等，2017）。具体而言，通过实现水库调度经济和生态效益最大化，从而维持河流生态系统健康状态（Sedighkia et al.，2021）。量化入库径流和出库径流的径流情势之间的差异对水库的生态调度具有重要作用。

全球径流再分析资料能够促进局地的径流情势分析，特别是对于缺资料地区，但目前尚未对其在模拟径流情势方面的有效性进行评估。由于缺乏长期的径流观测资料（Munoz et al.，2018）和存在显著改变自然径流情势的水库（Chalise et al.，2021），这种评估受到了阻碍。因此，评估全球径流再分析在模拟出入库径流情势方面的有效性对促进径流再分析的开发与应用具有重要意义。水库的入库径流近似为天然径流，而出库径流受人为调节发生变化，出入库径流之间的差异直接导致水库上下游的径流情势不一致。出入库径流为同时产生的径流，在分析二者的径流情势时需考虑二者具有同时性。然而，IHA软件针对特定人类活动前后的两段径流时间序列对径流情势进行分析，而不能够用于入库径流和出库径流的比较，为了促进出入库径流情势的分析，开发一种能够用于出入库径流情势分析的工具十分必要。

1.2 国内外研究进展

1.2.1 径流情势变化分析

径流情势可由流量的大小、特定事件发生时间和流量变异性等径流特征描述（Poff et al.，1997）。历史上长期的径流特征规律被称为天然径流情势，天然径流情势对河流生态系统的健康状态具有主导作用，对维持生物的多样性具有重要作用（Poff et al.，1997；董哲仁 等，2017a；董哲仁 等，2017b）。为满足人们的生产生活需要，同时维持河流生态系统的稳定性，从20世纪90年代开始，水资源的开发利用不仅仅只关注水资源量的分配，同时也关注河流生态系统自身对水资源量的需求（McKee et al.，1993；王西琴 等，2002；夏军 等，2018）。径流情势的特征对河流生物具有一定的影响作用，如高流量或低流量等极端事件对生态系统的调节。频繁的、中等强度的水流能够有效地通过河道输送泥沙，运输附着在泥沙表面的有机物，如碎屑和藻类等，使生物群落恢复活力，并允许许多生命周期快、定居能力强的物种重新定居（Poff et al.，1997；王西琴 等，2003a；王蕊和夏军，2007）。低流量也能够提供生态效益，在洪泛平原等经常被淹没的区域，低流量发生时期可能会为河岸植物物种提供生长繁殖所需的条件（王西琴 等，2003b；宋兰兰 等，2006；刘昌明 等，2020）。

人类活动和气候变化是使径流情势发生变化最主要的因素（夏军 等，2015；孙妍和王秀茹，2020）。人类通过建设大坝、改变土地利用、从河道中取用水等活动影响水文过程，从而影响河道中的天然径流规律（顾西辉 等，2016；Wang et al.，2018；郭文献 等，2018a）；气候变化通过影响降水和蒸散发等水文循环的关键过程，进而影响径流的大小，从而影响径流情势（王鸿翔 等，2019；Cui et al.，2020；Dosdogru et al.，2020）。为了能够定量描述人类活动和气候变化导致径流情势变化的程度，许多研究应用水文指标反映流域的径流情势（Richter et al.，1996；Olden and Poff，2003；Vogel et al.，2007）。水文指标围绕着径流情势的5个特征进行描述，通过水文指标定量描述径流情势的变化是目前最广泛使用的方法（Olden and Poff，2003）。目前被广泛应用的水文指标为IHA指标（Richter et al.，1996）。

IHA指标由于其覆盖面广，是应用最广泛的指标（Richter et al.，1996）。IHA指标基于径流时间序列计算得到，通过5组指标描述径流情势的5大类特征。具体而言，IHA法通常将径流时间序列根据特定人类活动事件划分为影响前与影响后两个时间段，同时使用RVA法量化径流情势的变化程度（Richter et al.，1996；Richter et al.，1997；Mathews and Richter，2007）。IHA指标已在国内外许多流域得到应用。为了探究大坝建设对径流情势的影响，郭强等（2019）使用IHA指标对鄱阳湖的生态水位的变化进行研究，将水位时间序列划分为影响前和影响后两段，对比2000年前后的鄱阳湖径流情势的变化，从而分析其生态水位受大坝建设影响的变化程度。Chalise等（2021）使用IHA指标研究在美国境内的大坝如何影响美国河流的流量变化，对美国境内的径流情势变化进行全面分析，并说明径流情势对河流生态环境保护的重要性。为了探究长江中下游鱼类生物的多样性受三峡水库运行的影响，郭文献等（2018b）使用IHA指标对三峡水库运行前后的宜昌站流量进行分析，结果表明三峡水库运行极大地改变了长江中下游的径流情势，导致长江中下游鱼类生物多样性的下降。同时，为了探究气候变化对径流情势的影响，Cui等（2020）以黄河上游流域为研究对象，通过人工神经网络重建不受大坝影响的径流时间序列，分离大坝建设和气候变化对径流情势的影响程度，并分析径流情势变化对河流生态系统的潜在影响。为了探究土地利用变化对径流情势的影响，Dosdogru等（2020）基于CMIP5（Coupled Model Intercomparison Project Phase 5）以及RCP（Representative Concentration Pathways）的气象数据和未来土地利用变化预测数据，使用SWAT（Soil and Water Assessment Tool）模型分别对不同情景的流量进行模拟，从而分析过去、现在和未来气候变化和土地利用变化对径流情势的潜在影响。此外，IHA 指标还可为水库调度提供参考。王加全等（2013）使用 IHA 指标和 RVA 法对燕山水库下游官寨水文站的径流情势进行分析，通过模拟 9 种生态流量情景，为水库的生态调度提供参考。

1.2.2 全球模拟径流评估

水文模型和陆面模式可以描述水文或能量循环过程，是水文模拟和水资源管理的重要工具（Beck et al.，2017a；胡伟 等，2020；江春波 等，2021）。水文模型通过定量描述水文循环中地表水的通量和储存实现径流等变量的模拟（苟娇娇 等，2022）。陆面模式基于地表能量通量和水量平衡的原理模拟土壤—植被—大气之间的相互作用（王龙欢 等，2021）。水文模型和陆面模式模拟的水文气象变量能够指导与水资源管理和气候变化等相关的政策决策（Chen et al.，2021）。

目前已经开发了较多的全球水文模型和陆面模式。Vörösmarty 等（1989）开发了 WBM（Water Balance Model）模型，将长期的气象、植被、土壤和地形等复杂的空间数据转换为对土壤水分、蒸散发量和流量的模拟。同时，WBM 模型结合 WTM（Water Transport Model）模型，使用线性水库将网格单元的产流通过河网汇流模拟流量（Vörösmarty et al.，1989）。Nijssen 等（2001）开发了 VIC 模型（Variable Infiltration Capacity Model），该模型考虑了多种土地覆盖，可作为能量和水量平衡模型使用，也可作为水量平衡模型使用。H08 模型由 6 个模块组成，包括地表水文、河网汇流、水库调度、植被生长、环境流量和取用水过程（Hanasaki et al.，2008）。其中，地表水文模型增加了一个简单的地下水方案，能够估计 6 大主要水源的取水量，包括全球主要水库、渡槽调水、局部水库、海水淡化、可再生地下水和不可再生地下水（Hanasaki et al.，2008）。DBH 模型（Distributed Biosphere Hydrological Model）将生态模型嵌入分布式水文模型中，考虑地形对水文过程的影响以及灌溉用水方案（Tang et al.，2007）。WaterGAP 模型（Water - Global Analysis and Prognosis Model）是基于 HBV 流域水文模型建立的全球水文模型，能够计算地表和地下径流、地下水补给和河流径流以及树冠、雪、土壤、地下水、湖泊、湿地和河流中水的储存变化的时间序列，它量化了网格单元、流域或国家的可再生水资源总量以及可再生地下水资源总量（Alcamo et al.，1997）。LISFLOOD 水文模型由 3 层土壤水平衡模型、用于模拟地下水与地下流动的地下水模型、用于将地表产流汇流到最近河道的河网汇流模型等组成，模型模拟的过程包括融雪、下渗、截留、蒸发和植被吸水、地表径流、两个土层之间的土壤水分交换，地下径流等（Van Der Knijff et al.，2010）。HTESSEL（Hydrology Tiled ECMWF Scheme for

Surface Exchanges over Land）陆面模式用于描述不同空间分辨率下大陆上土壤、植被和雪的演变（Gianpaolo et al.，2008）。ORCHIDE（Organising Carbon and Hydrology In Dynamic Ecosystems）陆面模式使用降水、气温、风速、太阳辐射、湿度和大气 CO_2 作为强迫数据，模拟径流等变量（Krinner et al.，2005）。

径流作为水文模型和陆面模式的关键输出变量，对比模拟和观测的径流时间序列是水文模型评估的常用方法（Chen et al.，2021）。例如，吴燕锋等（2019）以中国嫩江流域为研究区域，将湿地模块与流域水文模型耦合，通过对比模拟和观测径流时间序列，计算纳什效率系数（Nash－Sutcliffe efficiency，NSE）等指标，评估该模型的径流模拟效果。为了更加细致地对水文模型的模拟径流进行评估，许多研究从不同角度对模拟径流进行评估，从而使评估结果更加全面。例如，Chen 等（2021）以澜沧江-湄公河流域为研究区域，评估10 个水文模型和陆面模式的模拟效果，使用第 5、25、50、75 和 90 百分位流量，用于评估低流量、平均流量和高流量的模拟效果，结果表明，高流量的模拟效果通常优于低流量的模拟效果，下游的流量模拟效果优于上游的模拟效果。Zaherpour 等（2018）采用一种新的评价方法对 40 个流域 6 个水文模型的径流模拟效果进行评估，对每个模型和模型集合平均值的年均流量模拟效果均进行评估，结果表明大多数模型都高估年均流量，这些模型难以捕捉季节性周期。为了深入研究 9 个大型水文模型的优缺点，Stahl 等（2012）使用来自欧洲 426 个近似于天然流域的观测径流数据评估 9 个水文模型，模拟径流使用 5 个径流百分位时间序列进行评估，这些序列可以充分表征整体流量的范围，结果表明，模型模拟效果从高径流百分位到低径流百分位系统地下降。此外，Beck 等（2017a）选用来自全球 966 个中等规模流域的观测径流数据，综合评估 6 个全球水文模型和 4 个陆面模式的日径流模拟值，使用包括相关系数在内的一系列指标对模拟径流进行评估，发现了显著的模型间模拟效果差异，强调了水文模型不确定性以及气候输入不确定性的重要性，例如，在评估气候变化的水文影响的研究中，在积雪为主的地区，全球水文模型整体上比陆面模式表现更好。综上所述，水文模型模拟流量的评估主要从径流时间序列以及高流量和低流量等径流特征进行评估。

1.3 研究内容与技术路线

1.3.1 研究内容

为了评估全球径流再分析数据在模拟局地径流情势方面的有效性，从而为全球径流再分析的开发提供参考，促进全球径流再分析在区域上的应用。本书开展了以下3个方面的研究。

（1）开发面向出入库径流情势变化分析的工具。以开源的Python语言平台为基础，基于广泛应用于径流情势变化分析的IHA指标，开发PairwiseIHA工具包，实现面向出入库径流的径流情势变化分析。以加利福尼亚州（California）羽毛河（Feather River）的奥罗维尔湖（Lake Oroville）和我国东江流域的新丰江水库为例，使用该工具包分析奥罗维尔湖出入库径流情势的差异，并在不同频率来水年下，探究径流情势变化的差异，从而为水库的生态调度提供参考，同时，也为后续的出入库径流情势模拟效果评估提供便于分析的工具。

（2）评估全球径流再分析在模拟出入库径流情势方面的有效性。以加利福尼亚州的水库为例，以IHA指标表征出入库径流情势，使用分位数映射法（Quantile Mapping，QM）面向出入库径流对原始再分析进行误差订正从而生成分位数映射再分析。通过对比再分析订正前后的模拟效果，以评估分位数映射法面向出入库径流订正径流再分析误差的有效性。通过计算原始再分析、出入库径流分位数映射再分析和观测出入库径流的IHA指标，分析径流再分析对出入库径流情势的模拟效果，以此来说明径流再分析在模拟出入库径流情势方面的有效性。

（3）评估全球径流再分析在模拟珠江流域西江控制站高要水文站、北江控制站石角水文站和东江控制站博罗水文站径流序列方面的有效性，同时，将评估区域扩大到全球，评估再分析模拟全球主要水文站点的径流情势方面的有效性。以珠江流域3个控制站和全球主要水文站点的径流时间序列为基础，使用分位数映射法对GloFAS-ERA5径流再分析进行误差订正，计算所有站点的IHA指标用于描述径流情势，对全球主要水文站点的径流情势模拟效果进行评估。

1.3.2 技术路线

基于本书研究内容，以GloFAS-ERA5径流再分析为评估对象，收集观测出入库径流以及全球径流数据，对数据进行预处理，从而获得径流再分析、观测出入库径流以及全球观测径流；结合本书研究目标，匹配再分析网格单元与观测径流的位置从而提取原始再分析数据，使用分位数映射法订正再分析的误差；开发PairwiseIHA工具包对出入库径流情势进行分析，使用IHA指标表征径流情势；最后，评估再分析对出入库径流情势以及全球径流情势的模拟效果。基于此，本书采取的技术路线如图1-1所示。

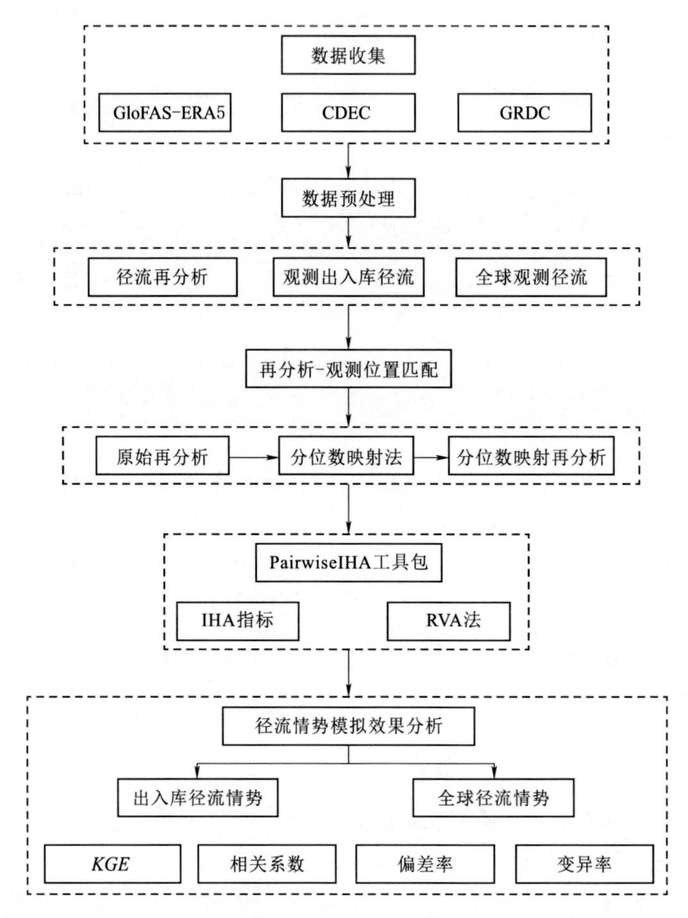
数据收集
GloFAS-ERA5
CDEC
GRDC
数据预处理
径流再分析
观测出入库径流
全球观测径流
再分析-观测位置匹配
原始再分析
分位数映射法
分位数映射再分析
PairwiseIHA工具包
IHA指标
RVA法
径流情势模拟效果分析
出入库径流情势
全球径流情势
KGE
相关系数
偏差率
变异率

图 1-1 技术路线示意图

第2章 径流数据集

2.1 全球径流再分析

本书所用的全球径流再分析数据为 ECMWF（European Centre for Medium - Range Weather Forecasts）开发的 GloFAS - ERA5 径流再分析 v2.1，它是通过将 HTESSEL 陆面模式与 LISFLOOD 水文模型耦合生成的（Zajac et al.，2017）。通过将河网汇流方案和 ECMWF 数值天气预报系统的地表模型相耦合，可以实现有效的径流预报（Harrigan et al.，2020）。具体而言，将 ECMWF 第五代再分析产品 ERA5 模拟的陆地场大气变量作为强迫，采用 HTESSEL 模拟得到 ERA5 产流，再利用 LISFLOOD 水文模型进行河网汇流，从而生成模拟径流（Zajac et al.，2017；Hirpa et al.，2018；Alfieri et al.，2020）。

HTESSEL 不直接得到模拟径流，而是模拟地表产流和地下产流，以此作为 LISFLOOD 水文模型的输入（Alfieri et al.，2013；Zajac et al.，2017；Hirpa et al.，2018）。LISFLOOD 水文模型的参数由进化算法（Evolutionary Algorithm，EA）根据全球 1287 个水文站点的观测日径流数据进行率定，采用 KGE（Kling - Gupta Efficiency）作为目标函数（Hirpa et al.，2018）。HTESSEL 模拟的地下产流作为 LISFLOOD 水文模型地下水模块的输入，该模块由两个线性水库组成，每个水库的流出量根据水库的蓄水量和时间常数进行估算（Hirpa et al.，2018）。其中，上部区域代表快速地下径流，下部区域代表产生基流的慢速地下径流（Hirpa et al.，2018）。HTESSEL 模拟的地表产流作为 LISFLOOD 水文模型河网汇流模块的输入，这是一个两阶段过程，每个单元的地表产流首先被传递到最近的下游河道单元，然后采用运动波方程将河道单元的水传入河网中（Zajac et al.，2017；Hirpa et al.，2018；Harrigan et al.，2020）。GloFAS - ERA5 径流再分析提供从 1979 年 1 月 1 日到接近实时的每日空间分辨率为 0.1°的模拟径流（Harrigan et al.，2020）。根据 Harrigan 等（2020）在全球 1801 个流域中评估的结果，GloFAS－ERA5 径流再分析在 86%的流域中显示有模拟技能。原始的 GloFAS－ERA5 径流再分析具有 3 个维度，即时间 t、纬度 y 和经度 x：

$$D=[d_{t,y,x}] \tag{2-1}$$

式中：d 代表径流再分析的单个值；D 为原始再分析包含所有单个值的数据集。

2.2 观测数据

2.2.1 出入库径流数据

加利福尼亚州的观测出入库径流数据集收集自加利福尼亚州数据交换中心（California Data Exchange Center，CDEC）。加利福尼亚州数据交换中心的主要功能是促进水文和气象信息的收集、存储和交换，以支持加利福尼亚州的实时洪水管理和供水需求。加利福尼亚州数据交换中心免费提供加利福尼亚州约 200 个水文站的小时时间尺度、天时间尺度和月时间尺度的入库径流、出库径流、蓄水量、降水和温度等水文气象数据。其中，具有日尺度入库径流和出库径流数据的站点为 46 个（Zhao et al.，2021）。为了便于分析，本书对数据进行了筛选，筛选条件为水库站点从 1979—2021 年至少有 10 年日入库径流数据和 10 年日出库径流数据（不一定是连续的）。经过筛选之后，有 35 个水库符合该项条件。

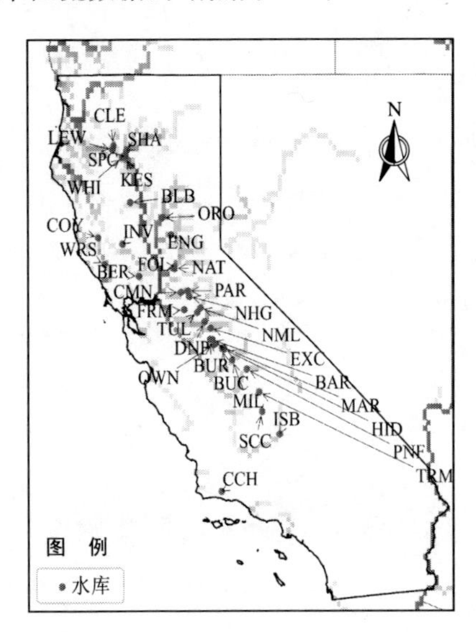

图 2－1 1979—2021 年 GloFAS－ERA5 径流再分析多年平均流量与水库位置示意图

图 2－1 是 1979—2021 年 GloFAS－ERA5 径流再分析多年平均流量与水库位置示意图。表 2－1 是加利福尼亚州 35 个水库站点信息。值得注意的是，这些水库的出入库径流数据具有一些负值，这可能归因于水库的库面蒸发和水库的周期性调节等。为了便于分析，将入库径流和出库径流时间序列中的负值用零代替。因此，35 个所筛选的水库入库径流数据集可表示为

$$I=[i_{t,y,x}] \tag{2-2}$$

式中：i 为入库径流的单个值；I 为包括所

有入库径流单个值的数据集；下标 t、y 和 x 分别代表时间、水库纬度和水库经度。

与入库径流类似，出库径流数据集可表示为：

$$O=[o_{t,y,x}] \tag{2-3}$$

式中：o 为出库径流的单个值；O 为包括所有出库径流单个值的数据集；下标 t、y 和 x 分别代表时间、水库纬度和水库经度。

表 2-1　　加利福尼亚州 35 个水库站点信息

站点 ID	站点名称	纬度/(°)	经度/(°)	起始年份		结束年份	
				入库径流	出库径流	入库径流	出库径流
BAR	Bear	37.37	−120.22	1994	1993	2021	2021
BER	Berryessa	38.51	−122.10	1994	1993	2021	2021
BLB	Black Butte	39.81	−122.33	1994	1993	2021	2021
BUC	Buchanan Dam	37.21	−119.97	1994	1993	2021	2021
BUR	Burns Creek Dam	37.38	−120.28	1994	1993	2021	2021
CCH	Cachuma Lake	34.58	−119.98	2005	2005	2021	2021
CLE	Trinity Lake	40.80	−122.76	1979	1979	2021	2021
CMN	Camanche Reservoir	38.23	−121.02	1994	1993	2021	2021
COY	Coyote (Lake Mendocino)	39.20	−123.19	1994	1993	2021	2021
DNP	Don Pedro Reservoir	37.70	−120.42	1994	1993	2021	2021
ENG	Englebright	39.24	−121.27	1994	1993	2021	2014
EXC	New Exchequer−Lk Mcclure	37.59	−120.27	1994	1993	2021	2021
FOL	Folsom Lake	38.68	−121.18	1990	1987	2021	2021
FRM	Farmington	37.92	−120.94	1994	1993	2016	2021
HID	Hidden Dam (Hensley)	37.20	−119.92	1994	1993	2021	2021
INV	Indian Valley	39.08	−122.53	1994	1994	2021	2021
ISB	Isabella Dam	35.65	−118.47	1994	1993	2021	2021
KES	Keswick Reservoir	40.61	−122.45	1990	1990	2021	2021
LEW	Lewiston	40.73	−122.79	1990	1990	2021	2021
MAR	Mariposa Creek Dam	37.29	−120.15	1994	1994	2021	2021
MIL	Friant Dam (Millerton)	37.00	−119.71	1994	1987	2021	2021
NAT	Lake Natoma	38.65	−121.18	1990	1990	2021	2021
NHG	New Hogan Lake	38.15	−120.81	1994	1993	2021	2021
NML	New Melones Reservoir	37.95	−120.53	1990	1987	2021	2021

续表

站点 ID	站点名称	纬度/(°)	经度/(°)	起始年份		结束年份	
				入库径流	出库径流	入库径流	出库径流
ORO	Oroville Dam	39.54	−121.49	1994	1987	2021	2021
OWN	Owens Creek Dam	37.28	−120.19	1994	1993	2021	2021
PAR	Pardee	38.25	−120.85	1994	1993	2017	2020
PNF	Pine Flat Dam	36.83	−119.33	1994	1987	2021	2021
SCC	Success Dam	36.06	−118.92	1994	1993	2021	2021
SHA	Shasta Dam	40.72	−122.42	1990	1987	2021	2021
SPC	Spring CreekDebris Dam	40.63	−122.47	1990	1990	2021	2021
TRM	Terminus Dam	36.42	−119.00	1994	1994	2021	2021
TUL	Tulloch	37.88	−120.60	1990	1990	2021	2021
WHI	Whiskeytown Dam	40.60	−122.54	1990	1990	2021	2021
WRS	Warm Springs	38.72	−123.01	1994	1994	2021	2021

图 2-2 展示了加利福尼亚州 35 个主要水库的多年月平均入库流量与出库流量。整体而言，35 个水库的入库流量季节性不一致，有些水库入库流量在春季高，有些在夏季高。35 个水库的出库流量整体上与入库流量近似为水量平衡，水库的蒸发较小。奥罗维尔湖（ORO）的入库径流与出库径流具有较大的差异，水库调节作用显著；而纳托马湖（NAT）的入库径流与出库径流差异较小，水库在多年尺度上调节有限。

同时，使用东江流域新丰江水库 2001—2019 年观测日出入库径流数据，开展水库调度运行对径流情势的影响分析。图 2-3 为新丰江水库的多年月平均入库与出库流量折线图。入库流量在 4—9 月较高，而在 10 月至次年 3 月较低；出库流量在全年的变化较小，这是由于水库调节的作用。其中，入库流量在 3 月最高，出库流量也在 3 月最高，但出库径流的大小显著减小。在汛期新丰江水库通过储存多余的洪水，以供非汛期下游的生产生活用水需要。整体而言，出库径流与入库径流在水量上近似于平衡的状态，这是由于水库蒸发等环节对水量的影响较小。新丰江水库为广东省最大的水库，新丰江水库的调节使得下游的防洪能力显著提高，同时对下游的供水有着重要作用。

2.2.2 全球径流数据

大样本数据集支撑着水文科学的前沿研究，此类数据集致力于广泛的水文研究、水文模型评估和测试、水文模型的参数估计、人类活动对水文的影响、流量预报和气候变化影响评估等（Addor et al.，2020）。

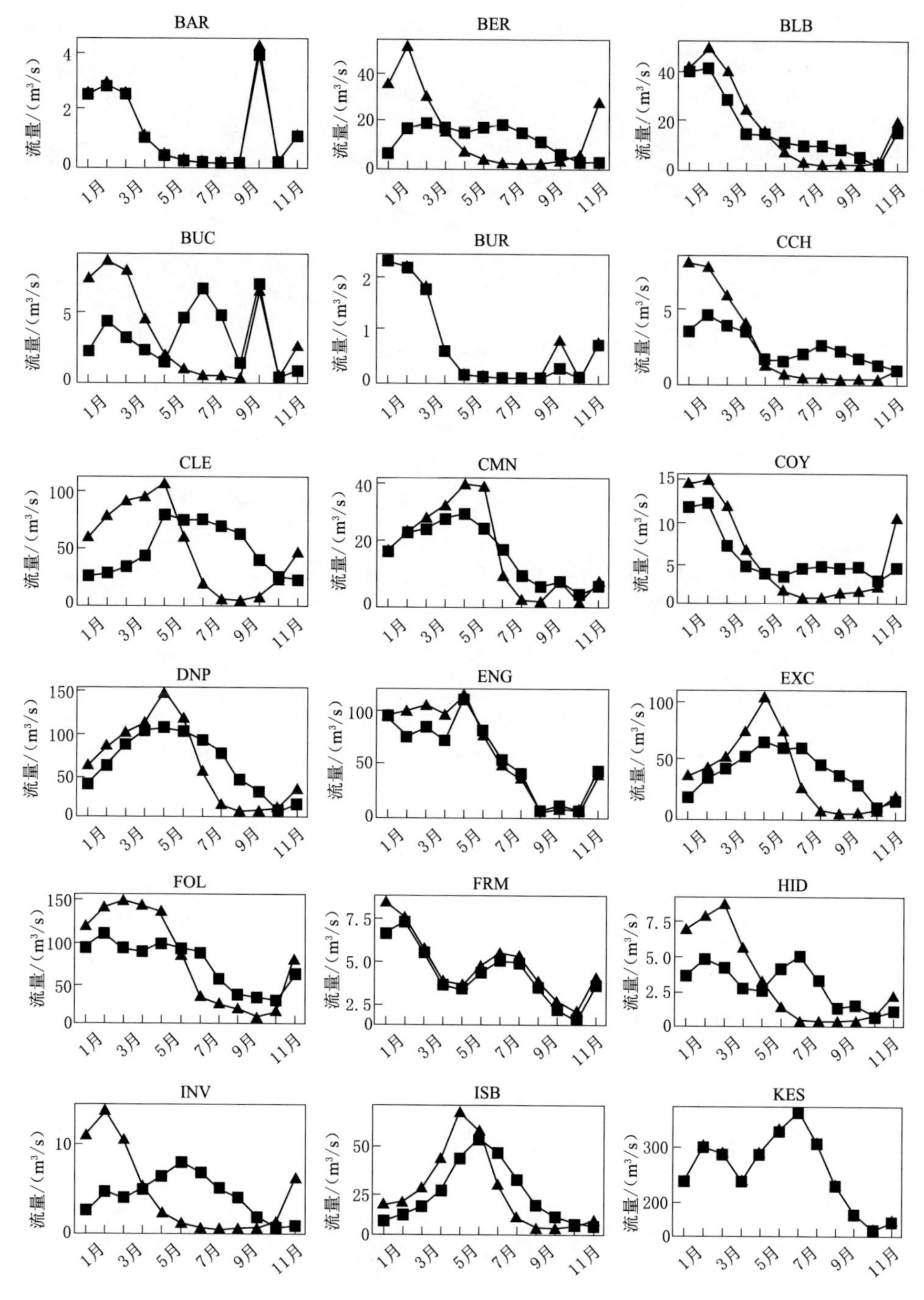

图 2-2（一） 加利福尼亚州 35 个主要水库的多年月平均入库流量与出库流量

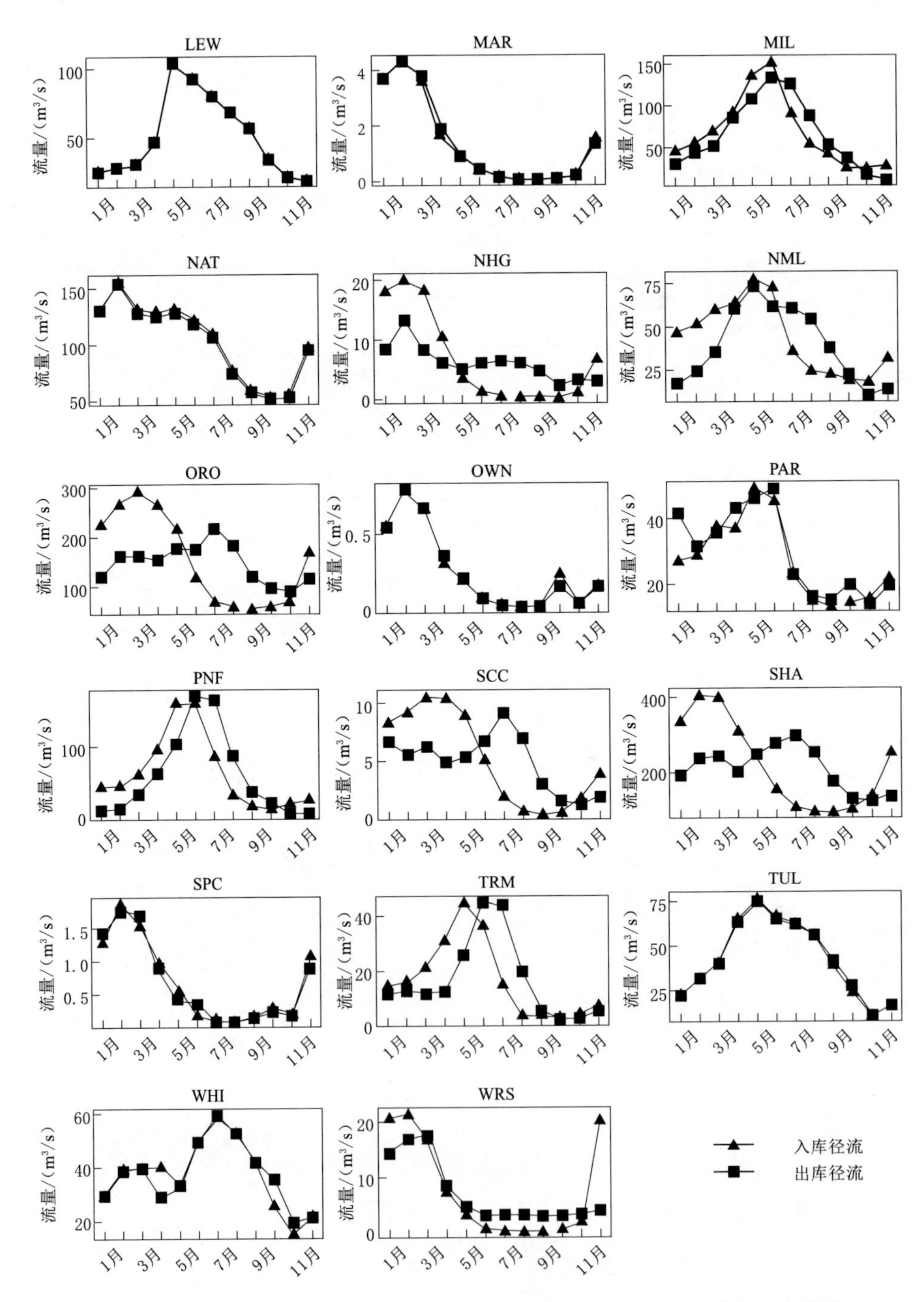

图 2-2（二） 加利福尼亚州 35 个主要水库的多年月平均入库流量与出库流量

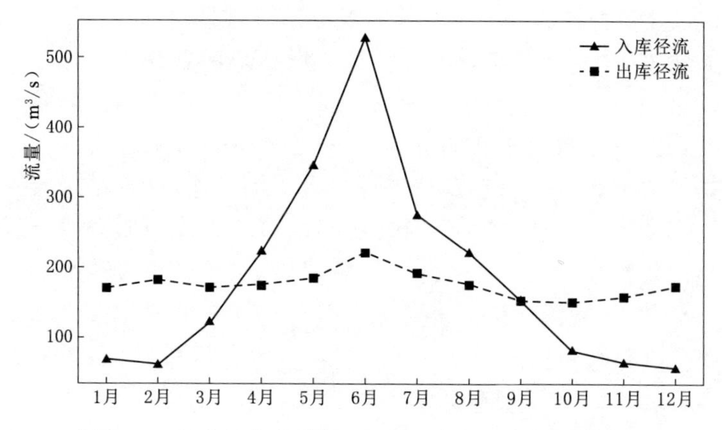

图 2-3　新丰江水库多年月平均入库与出库流量折线图

全球径流数据中心（Global Runoff Data Center，GRDC）是在世界气象组织（World Meteorological Organization，WMO）的支持下运作的国际数据中心。全球径流数据中心创建于 1988 年，旨在为全球与气候变化和水资源管理等的相关研究提供数据支撑，其主要目标是通过长期跨国收集和传播水文数据，以支持联合国及其机构和科学研究领域与水和气候相关的计划和项目。全球径流数据中心的全球径流数据库（Global Runoff Data Base，GRDB）建立在 20 世纪 80 年代初收集的初始数据集的基础之上，该数据库包含来自世界各地的 10000 多个水文站的径流数据。本书从全球径流数据中心收集所有具有日流量数据的站点，共有 8133 个水文站点。为了更好地控制数据的质量，根据以下 4 项筛选原则，对 8133 个水文站点进行筛选（Harrigan et al.，2020）：

（1）在 1979—2021 年至少具有 10 年的数据（不一定是连续的）。

（2）水文站点的流域面积大于 $500km^2$。

（3）水文站点的流域面积与 GloFAS 河网面积的相对误差小于 20%。

（4）若多个水文站点对应同一个网格单元，则保留长时间序列的水文站点。

根据这 4 项原则对水文站点进行筛选，最终有 2481 个水文站点符合条件。

2481 个全球径流数据中心的水文站点组成的全球径流数据集可表示为：

$$G=[g_{t,y,x}] \tag{2-4}$$

式中：g 是观测径流的单个值；G 是包括所有观测径流单个值的全球径流数据集；下标 t、y 和 x 分别代表时间、水文站纬度和水文站经度。

使用珠江流域西江控制站高要水文站、北江控制站石角水文站和东江控制站博罗水文站1979—2008年观测日径流数据，开展再分析对珠江流域径流序列的模拟效果评估。3个控制站于珠江流域内的位置如图2-4所示。图2-5展示了高要水文站、石角水文站和博罗水文站月平均流量箱形图，箱内的黑线表示数据的中位数，三角形代表数据的平均值，箱的下界和上界分别代表Q1和Q3分位数，上、下须线分别代表Q1－1.5IQR到Q3＋1.5IQR范围内数据的最小值和最大值，黑色“＋”代表超出上、下须线的异常值。从图2-6可知，3个控制站的流量主要集中在汛期4—9月；高要站多年平均月流量最大值发生在7月，石角站和博罗站多年平均月流量最大值发生在6月；由于西江流域的面积远大于北江和东江，因此高要站的月平均流量远大于石角站和博罗站。

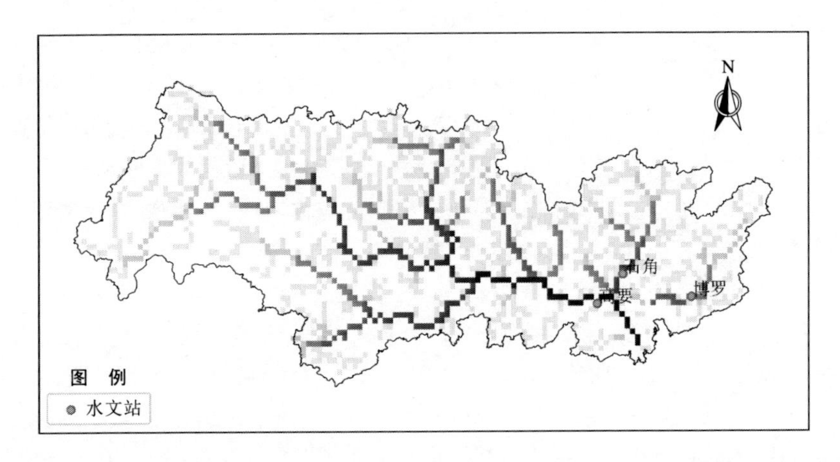

图2-4 GloFAS-ERA5径流再分析多年平均流量与珠江流域3个控制站位置示意图

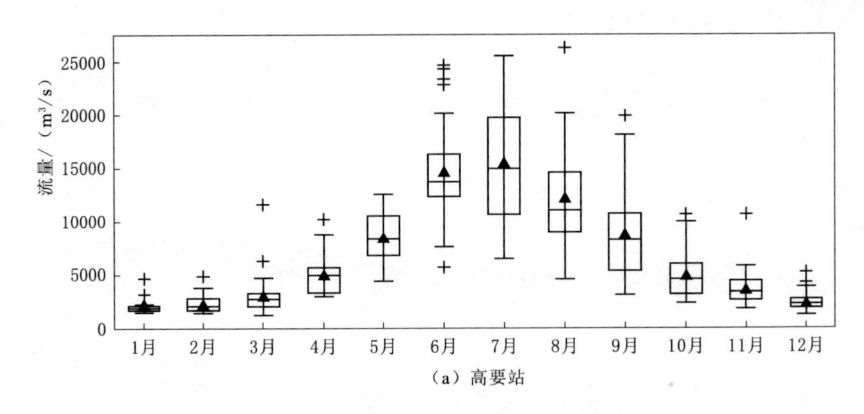

图2-5（一） 珠江流域3个控制站月平均流量箱形图

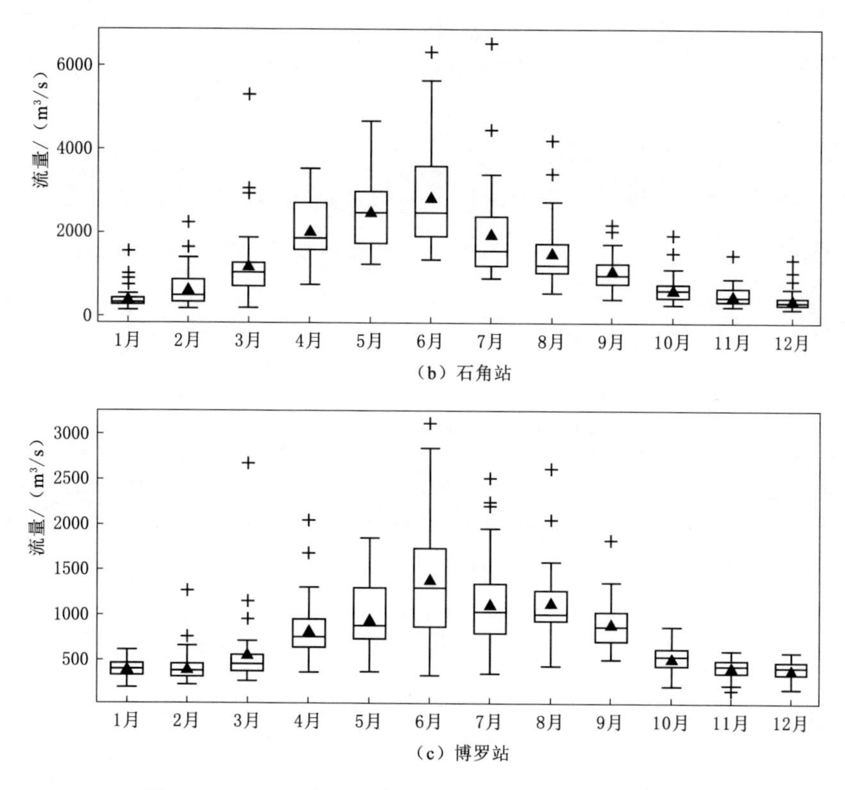

图 2-5（二） 珠江流域 3 个控制站月平均流量箱形图

2.3 再分析与观测的关系

无量纲指标 *KGE* 是应用最广泛的评估指标之一，可为模型模拟效果提供诊断分析（Gupta et al.，2009；Kling et al.，2012；Harrigan et al.，2020）。本书使用 *KGE* 指标用于指示再分析与观测数据之间的拟合程度，以 GloFAS－ERA5 原始再分析和观测入库径流为例，*KGE* 计算如下：

$$KGE=1-\sqrt{(r-1)^2+(\beta-1)^2+(\gamma-1)^2} \tag{2-5}$$

见式（2-5），*KGE* 由 3 个无量纲分量组成，分别为 Pearson 相关系数 r、偏差率 β 和变异率 γ：

$$r=\frac{\sum_{t=1}^{T}(d_t-\mu_d)(i_t-\mu_i)}{\sqrt{\sum_{t=1}^{T}(d_t-\mu_d)^2}\sqrt{\sum_{t=1}^{T}(i_t-\mu_i)^2}} \tag{2-6}$$

式中：μ 为平均流量；下标 d 和 i 分别代表径流再分析和观测入库径流；相关系数 r 的取值范围为（－1，1），衡量原始再分析与观测入库径流的线性相关程度。

$$\beta=\mu_d/\mu_i \tag{2-7}$$

式中：偏差率 β 的取值范围为（0，＋∞），衡量原始再分析均值与观测入库径流均值比值的偏差。

$$\gamma=\frac{\sigma_d/\mu_d}{\sigma_i/\mu_i} \tag{2-8}$$

式中：σ 为流量的标准差；变异率 γ 的取值范围为（0，＋∞），衡量原始再分析的变异系数与观测入库径流的变异系数的匹配程度。

对于 KGE 的3个分量，相关系数 r 的最优值为1，即再分析趋势与观测趋势完全一致；偏差率的最优值为1，即再分析均值与观测均值相同；变异率的最优值为1，即再分析的变异系数与观测的变异系数相同。如式（2-5）所示，KGE 的取值范围为（－∞，1），随着3个分量的增加而增加，特别是当 r、β 和 γ 都达到最优值时，KGE 将达到最优值1。

第3章　出入库径流情势变化分析

3.1　径流情势分析工具 PairwiseIHA

3.1.1　PairwiseIHA 概述

PairwiseIHA 是一个用 Python 语言编写的工具包，用于分析水库运行对径流情势的影响。具体而言，IHA 指标用于表征水库的入库径流情势和出库径流情势。33 个 IHA 指标可分为 5 组（表 3-1），包括月平均流量（12 个指标）、年极端流量（12 个指标）、年极端流量发生时间（2 个指标）、高流量和低流量脉冲的频率及延时（4 个指标）和流量变化的变化率及频率（3 个指标）（Richter et al.，1996；Mathews and Richter，2007；Gao et al.，2012）。

表 3-1　　IHA 指标及其分组

组别及内容	径流情势特征	IHA 指标	
第一组：月平均流量	大小	1 月平均流量	2 月平均流量
		3 月平均流量	4 月平均流量
		5 月平均流量	6 月平均流量
		7 月平均流量	8 月平均流量
		9 月平均流量	10 月平均流量
		11 月平均流量	12 月平均流量
第二组：年极端流量	持续时间	1 天最大流量	1 天最小流量
		3 天最大流量	3 天最小流量
		7 天最大流量	7 天最小流量
		30 天最大流量	30 天最小流量
		90 天最大流量	90 天最小流量
		基流系数	无流量天数

续表

组别及内容	径流情势特征	IHA 指标	
第三组：年极端流量发生时间	发生时间	最大流量日期	最小流量日期
第四组：高流量和低流量脉冲的频率及延时	频率	高流量脉冲次数	高流量脉冲持续时间
		低流量脉冲次数	低流量脉冲持续时间
第五组：流量变化的变化率及频率	变化率	上升率	下降率
		流量翻转次数	

IHA 的每一组指标会对生态系统的结构和功能产生影响（Richter et al.，1996）。具体而言，第一组月平均流量指示径流情势中的大小特征，描述每个月流量的集中趋势（平均值），提供栖息地适宜性的一般衡量标准。一年内月平均值的相似性反映了相对稳定的条件，良好的径流情势可为水生生物提供必要的生存条件，维持河漫滩必要的水流条件。第二组年极端流量指示径流情势中的持续时间特征，干旱或洪水存在的持续时间可能影响生物完成特定生命周期阶段。第三组年极端流量发生时间指示径流情势中的发生时间特征，年最高流量和最低流量出现时间可能与关键的生命周期阶段密切相关，影响生物与洪水或干旱相关的死亡率程度。第四组高流量和低流量脉冲的频率及延时指示径流情势中的频率特征，不同持续时间的高水位和低水位的平均幅度提供生物一年内受环境干扰程度的衡量标准，干旱或洪水等特定水情的发生频率可能与各种物种的繁殖或死亡事件相关，从而影响种群动态。第五组流量变化的变化率及频率指示径流情势中的变化率特征，径流在一年内的变化率可能与某些生物沿河边或池塘洼地的搁浅有关，或与植物根系与潜水水源保持接触的能力有关（Richter et al.，1996）。

RVA 法是基于 IHA 指标由 Richter 等（1997）提出用于河流生态管理的方法。RVA 法源自水生生态学理论，该理论涉及大小、发生时间、频率、持续时间和变化率的相关特征，适用于以保护本地水生生物多样性和保护自然生态系统功能为主要河流管理目标的河流（Richter et al.，1997）。RVA 法目标旨在指导河流管理方案的设计，例如水库调度规则、流域恢复等（Richter et al.，1997）。RVA 法将使河流管理者能够在获得最终的长期河流生态系统研究结果之前定义和采用现成的临时管理目标。RVA 法目标和河流管理策略应根据研究结果的建议和维持河流生态系统本地生物多样性和完整性的需要进行适当地调整（Richter et al.，1997；陈启慧 等，2005；Zolezzi et al.，2009）。

PairwiseIHA 工具包可分为 4 个步骤用于分析入库径流情势和出库径流情势的差异，如图 3－1 所示。第一步为数据输入，所需数据包括水库的入库径流序列和出库径流序列。第二步为预处理，使用月平均值对缺失数据进行插值。第三步是数据处理，计算入库径流和出库径流的 IHA 指标，具体而言，首先需要定义当地的水文年，以多年平均月入库径流最低的月份作为起始月份；其次需要设置高流量脉冲和低流量脉冲的阈值，高流量脉冲的默认定义为一年内的日流量上升到所有日入库流量的 75%分位数以上的时期，而低流量脉冲为下降到所有日入库流量的 25%分位数以下的时期（Richter et al.，1996）；最后使用高流量脉冲阈值和低流量脉冲阈值计算入库径流和出库径流的 IHA 指标。第四步是使用 RVA 法量化径流情势变化的程度。此外，在丰水年、平水年和枯水年不同条件下对径流情势变化进一步分析。PairwiseIHA 工具包可将 IHA 指标输出为.csv 格式的文件，应用其他软件也可对其进行有效分析（Chen et al.，2022）。

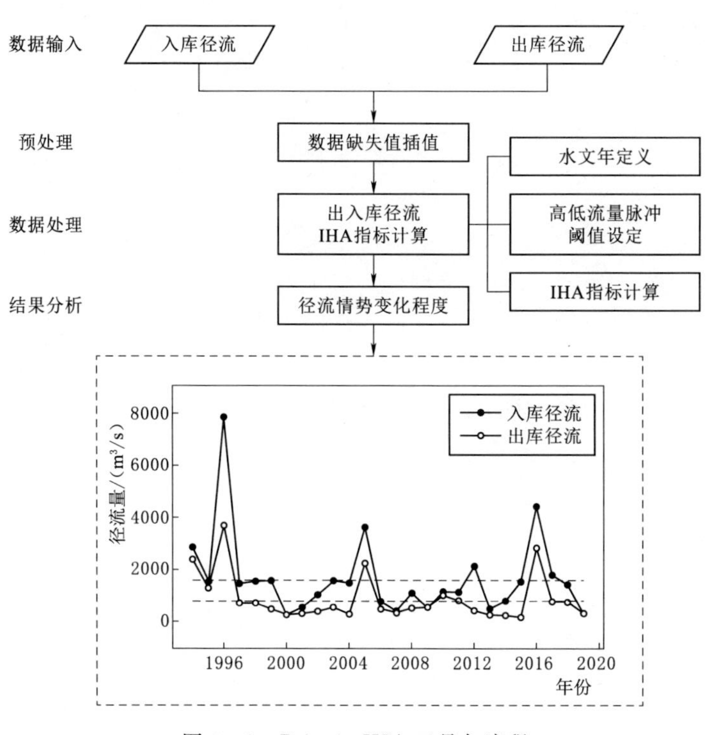

图 3-1　PairwiseIHA 工具包流程

3.1.2　出入库径流情势分析

日入库径流和出库径流序列可用下标 $yyyy$、mm 和 dd 进行索引，分别代表年、月和日。同时，日入库径流的序列用 I 和 i 表示，日出库径流序列用 O

和 o 表示。因此，出入库径流序列可表示为

$$\begin{cases} I=[i_{yyyy-mm-dd}] \\ O=[o_{yyyy-mm-dd}] \end{cases} \tag{3-1}$$

式中：$i(o)$ 为入库径流（出库径流）的单个值；$I(O)$ 为包括所有入库径流（出库径流）单个值的集合。

根据集合 I 和集合 O 计算得到 33 个 IHA 指标。第一组 IHA 指标月平均流量可表示为

$$\begin{cases} I_{mm}=[i_{yyyy}^{mm}] \\ O_{mm}=[o_{yyyy}^{mm}] \end{cases} \tag{3-2}$$

式中：$I_{mm}(O_{mm})$ 代表以 mm 表示的每个月的平均入库径流（出库径流）的集合；mm 为 1 月，2 月，…，12 月；$i_{yyyy}^{mm}(o_{yyyy}^{mm})$ 代表 $yyyy$ 年的 mm 月平均入库径流（出库径流）的单个值。

第二组 IHA 指标年极端流量中的最小流量与最大流量可表示为

$$\begin{cases} I_{xd-\mathrm{mn}}=[i_{yyyy}^{xd-\mathrm{mn}}] \\ O_{xd-\mathrm{mn}}=[o_{yyyy}^{xd-\mathrm{mn}}] \end{cases} \tag{3-3}$$

与

$$\begin{cases} I_{xd-\mathrm{mx}}=[i_{yyyy}^{xd-\mathrm{mx}}] \\ O_{xd-\mathrm{mx}}=[o_{yyyy}^{xd-\mathrm{mx}}] \end{cases} \tag{3-4}$$

式中：x 天最小（mn）和最大（mx）流量是由每日的入库径流（出库径流）序列中计算得到。x 的值根据 IHA 软件设置为 1、3、7、30 和 90（Mathews and Richter，2007）。此外，还计算无流量天数和基流系数。

第三组 IHA 指标年极端流量发生时间可表示为

$$\begin{cases} I_{DOY-\mathrm{mn}}=[i_{yyyy}^{DOY-\mathrm{mn}}] \\ O_{DOY-\mathrm{mn}}=[o_{yyyy}^{DOY-\mathrm{mn}}] \end{cases} \tag{3-5}$$

与

$$\begin{cases} I_{DOY-\mathrm{mx}}=[i_{yyyy}^{DOY-\mathrm{mx}}] \\ O_{DOY-\mathrm{mx}}=[o_{yyyy}^{DOY-\mathrm{mx}}] \end{cases} \tag{3-6}$$

式中：最小（mn）流量日期（Day of Year，DOY）和最大（mx）流量日期由入库径流和出库径流序列中按年份计算（Mathews and Richter，2007）。为了更好地可视化最小（大）流量日期，将最小流量日期和最大流量日期转换为循环日期（Li et al.，2017）：

$$\varphi=360\times\frac{DOY}{366} \tag{3-7}$$

第四组 IHA 指标高流量和低流量脉冲的频率及延时可表示为

$$\begin{cases}I_{lp-fre}=[i_{yyyy}^{lp-fre}]\\O_{lp-fre}=[o_{yyyy}^{lp-fre}]\end{cases} \tag{3-8}$$

与

$$\begin{cases}I_{lp-dur}=[i_{yyyy}^{lp-dur}]\\O_{lp-dur}=[o_{yyyy}^{lp-dur}]\end{cases} \tag{3-9}$$

低流量脉冲（lp）的频率（fre）和持续时间（dur）由入库径流（出库径流）的低流量脉冲按年份计算。$i_{yyyy}^{lp-fre}(o_{yyyy}^{lp-fre})$ 为 $yyyy$ 年入库径流（出库径流）的低流量脉冲次数；$i_{yyyy}^{lp-dur}(o_{yyyy}^{lp-dur})$ 为 $yyyy$ 年入库径流（出库径流）低流量脉冲持续时间的平均值。此外，高流量脉冲的频率和持续时间用同样的方法计算。

第五组 IHA 指标流量变化的变化率及频率可表示为

$$\begin{cases}I_{rr}=[i_{yyyy}^{rr}]\\O_{rr}=[o_{yyyy}^{rr}]\end{cases} \tag{3-10}$$

与

$$\begin{cases}I_{fr}=[i_{yyyy}^{fr}]\\O_{fr}=[o_{yyyy}^{fr}]\end{cases} \tag{3-11}$$

上升率（rr）和下降率（fr）由入库径流（出库径流）序列按年份计算。$i_{yyyy}^{rr}(o_{yyyy}^{rr})$ 为 $yyyy$ 年入库径流（出库径流）上升率的平均值；$i_{yyyy}^{fr}(o_{yyyy}^{fr})$ 为 $yyyy$ 年入库径流（出库径流）下降率的平均值。此外，还同时计算流量翻转次数。

RVA 法利用 IHA 指标来评估入库径流和出库径流之间径流情势的变化。每个 IHA 指标的 RVA 目标通常定义为入库径流 IHA 指标的 25%分位数到 75%分位数的范围（Richter et al.，1997）。水文改变度用 RVA 目标范围进行评估，定义为

$$D_m=\frac{N_{o,m}-N_e}{N_e}\times 100\% \tag{3-12}$$

式中：D_m 是第 m 个 IHA 指标的水文改变度；$N_{o,m}$ 是位于 RVA 目标范围内的第 m 个观测出库径流 IHA 指标的年数；N_e 是位于 RVA 目标范围内的预期年数（$N_e=rN_T$，r 为入库径流的 IHA 指标位于 RVA 目标范围内的比率，N_T 为入库径流或出库径流 IHA 指标的样本量，以年为单位）。D_m 为 0～33%（33%～67%/高于 67%）表示从入库径流到出库径流发生低度（中度/高度）变化。

3.1.3 丰水年、平水年和枯水年划分

根据水量平衡，入库径流和出库径流的大小和时间分布之间存在密切关

系（He et al.，2020）。因此，不同来水年条件下的出库径流状态可能表现出不同的模式。为了比较丰水年、平水年和枯水年径流情势变化的差异，使用标准化径流指数（Standardized Runoff Index，SRI）方法（Shukla and Wood，2008）根据年平均入库流量来定义3种类型的来水年条件：

$$SRI=\Phi^{-1}[F_R(r)] \tag{3-13}$$

式中：r 为年平均入库径流；$F_R()$ 为年平均入库径流的累计分布函数（Cumulative Distribution Function，CDF）；$\Phi^{-1}()$ 为累积标准正态分布函数的逆函数。

基于此，丰水年、平水年和枯水年划分为

$$\begin{cases} Y_{\text{wet}}=[Y_{SRI>0.5}] \\ Y_{\text{normal}}=[Y_{-0.5\leqslant SRI\leqslant 0.5}] \\ Y_{\text{dry}}=[Y_{SRI<-0.5}] \end{cases} \tag{3-14}$$

式中：Y_{wet}（Y_{normal} 和 Y_{dry}）为丰水年（平水年和枯水年）的集合，SRI 值大于0.5定义为丰水年，SRI 值为－0.5～0.5定义为平水年，SRI 值小于－0.5定义为枯水年，该定义参考自Shiau和Wu于2007年的研究（Shiau and Wu，2007）。

3.2 奥罗维尔湖出入库径流情势

3.2.1 奥罗维尔湖流域概况

奥罗维尔大坝位于加利福尼亚州北部的羽毛河，主要用于防洪、供水和水力发电。由于冬季湿润、夏季干燥，加利福尼亚州的水资源在时间上分布不均，水库在夏季的城市和农业供水和冬季防洪中起着关键作用（Zhu et al.，2005；Georgakakos et al.，2012；Yang et al.，2016）。奥罗维尔大坝所蓄水库为奥罗维尔湖，水库总库容约为43.6亿m^3，于1968年开始运行。如图3-2所示，奥罗维尔湖流域的海拔从239.00m到3153.00m不等，呈现东北高、西北低的分布（高程数据来自Shuttle Radar Topography Mission）。奥罗维尔湖是加利福尼亚州水项目（California State Water Project，SWP）水库群中最大的水库，同时也是加利福尼亚州第二大水库。加利福尼亚州水项目的蓄水和输水基础设施为超过2700万人和约3035km^2的农田供水。其中，Oroville-Thermalito综合体旨在为加利福尼亚州水项目供水和发电，这会导致水电调峰（Yang et al.，2015）。由于水电调峰导致的径流波动超出了自然径流情势的范围，这可能会影响河流生态系统的功能（Bruder et al.，2016）。因此，本书选用奥罗维尔湖作为案例，应用 PairwiseIHA 工具包，分析出入库径流情势的变化。奥罗维尔湖的植被覆盖类型以混合针叶林（松树、冷杉和雪松树种）为主，灌溉农业次之。奥罗维尔湖流域是奇努克鲑鱼（Chinook Salmon）和虹鳟鱼（Steelhead）的主要栖息地之一。

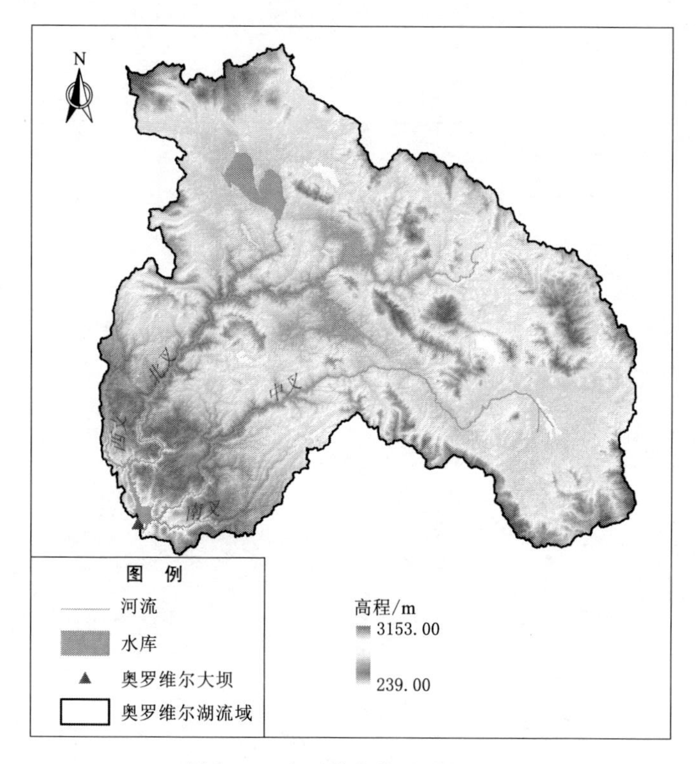

图 3-2 奥罗维尔湖流域概况图

奥罗维尔湖流域内的羽毛河主要有 4 条支流，即西支（West Branch）、北叉（North Fork）、中叉（Middle Fork）和南叉（South Fork），这些子流域的流域面积和平均日流量见表 3-2。奥罗维尔湖流域的气候为地中海气候，夏季炎热干燥，冬季温和多雨（Avanzi et al.，2020）。流域内年降水量约为 1143mm，整体上呈现西南偏多，东南偏少的分布规律（Koczot et al.，2004）。由于奥罗维尔湖温度和降水的年际变化很大，融雪的数量和时间呈现出年际差异（Anghileri et al.，2016）。

3.2.2 出入库径流情势对比

图 3-3 为奥罗维尔湖出入库径流对比图，左侧为入库径流，右侧为出库径流，颜色条显示的刻度为十分位数。从图 3-3 中可发现由于水库调度运行导致

表 3-2 奥罗维尔湖子流域的流域面积及日均流量

子　流　域	集水面积/km^2	平均日流量/(m^3/s)
西支	331	10
北叉	4973	91
中叉	2652	42
南叉	331	7

出库径流与入库径流存在显著差异。羽毛河的流量主要来源于降雪，呈现春季流量大、秋季流量小的时间分布（Zhu et al.，2005）。同时，由于非汛期需水量较高、流量较小，导致水库在非汛期时需要向下游泄水以供给生产和生活等需要。基于此，流量的季节性发生了较大的变化，表现为入库流量春季较高、出库流量夏季较高，这一结果归因于非汛期时奥罗维尔湖主要用于满足旧金山湾区的城市和农业用水需求（Anghileri et al.，2016）。

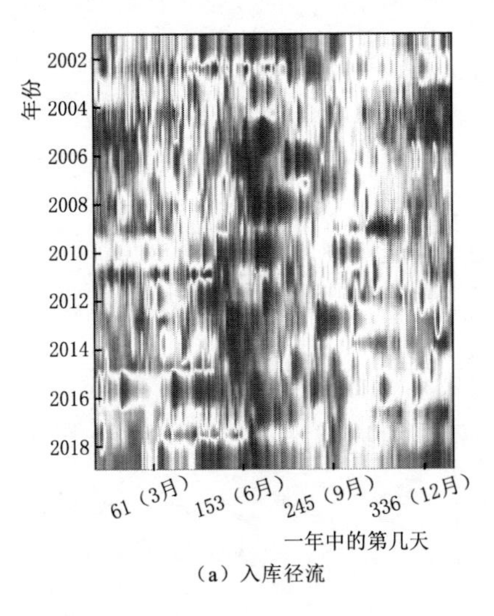

（a）入库径流

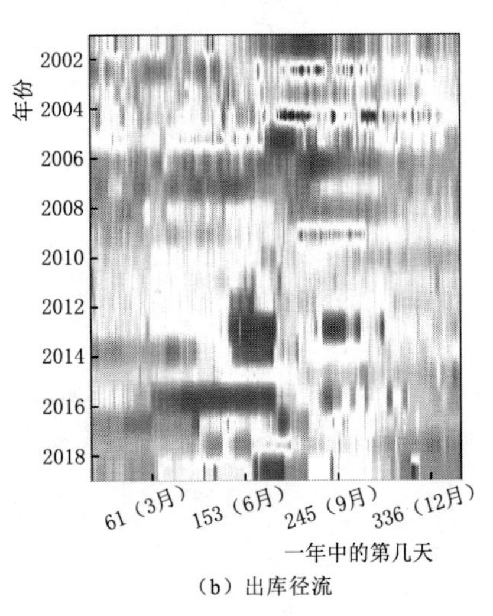

（b）出库径流

图 3-3　奥罗维尔湖出入库径流对比图

奥罗维尔湖入库径流和出库径流的 IHA 指标相对变化见表 3-3。奥罗维尔湖出入库径流的 33 个 IHA 指标中，有 10 个指标的相对变化超过 50%，其中大部分指标为月平均流量。从月平均流量来看，7 月平均流量的相对变化最大，为 206.56%。这是由于奥罗维尔湖在 7 月向下游泄大量的水以满足用水需求，从而解决流量不足以满足城市、农业和环境用水需求的问题。对于年极端流量，无流量天数的相对变化最大，为 568.97%。断流事件对河流生态系统会产生一定的影响（Warfe et al.，2014），应引起相关部门的高度重视。对于年极端流量发生时间，最大流量日期延迟约 2 个月，最小流量日期延迟约 6 个月，也就是说，出库径流相比入库径流在大小和时间上的变化都较大。

表 3-3　　奥罗维尔湖入库径流和出库径流的 IHA 指标相对变化

组　别	IHA　指　标	入库径流	出库径流	相对变化/%
第一组：月平均流量	1 月平均流量/(m^3/s)	251.05	146.41	−41.68
	2 月平均流量/(m^3/s)	272.53	196.30	−27.97
	3 月平均流量/(m^3/s)	307.66	185.51	−39.70
	4 月平均流量/(m^3/s)	280.88	169.76	−39.56
	5 月平均流量/(m^3/s)	243.21	194.82	−19.89
	6 月平均流量/(m^3/s)	131.77	186.76	41.73
	7 月平均流量/(m^3/s)	74.46	228.27	**206.56**
	8 月平均流量/(m^3/s)	64.20	194.91	**203.60**
	9 月平均流量/(m^3/s)	58.41	136.39	**133.50**
	10 月平均流量/(m^3/s)	58.90	106.19	**80.28**
	11 月平均流量/(m^3/s)	71.51	99.80	39.55
	12 月平均流量/(m^3/s)	167.87	120.17	−28.42
第二组：年极端流量	1 天最小流量/(m^3/s)	9.32	2.45	**−73.66**
	3 天最小流量/(m^3/s)	21.82	11.13	−49.02
	7 天最小流量/(m^3/s)	28.80	25.90	−10.05
	30 天最小流量/(m^3/s)	41.79	41.88	0.22
	90 天最小流量/(m^3/s)	54.86	61.33	11.81
	1 天最大流量/(m^3/s)	1669.36	879.19	−47.33
	3 天最大流量/(m^3/s)	1260.84	807.96	−35.92
	7 天最大流量/(m^3/s)	901.36	704.77	−21.81
	30 天最大流量/(m^3/s)	489.23	432.44	−11.61
	90 天最大流量/(m^3/s)	345.41	306.35	−11.31
	无流量天数/d	1.12	7.46	**568.97**
	基流系数	0.20	0.15	−22.61
第三组：年极端流量发生时间	最小流量日期/d	269.69	89.04	**−66.99**
	最大流量日期/d	48.46	107.35	**121.51**

续表

组 别	IHA 指 标	入库径流	出库径流	相对变化/%
第四组：高流量和低流量脉冲的频率及延时	低流量脉冲次数/次	26.69	21.58	−19.16
	低流量脉冲持续时间/d	3.37	5.26	**55.98**
	高流量脉冲次数/次	8.58	16.00	**86.55**
	高流量脉冲持续时间/d	15.16	9.17	−39.54
第五组：流量变化的变化率及频率	上升率/[m^3/(s·d)]	43.54	38.06	−12.59
	下降率/[m^3/(s·d)]	−35.50	−35.07	−1.22
	流量翻转次数/次	210.50	188.19	−10.60

注 黑色粗体字表示相对变化超过50%。

图3-4为奥罗维尔湖径流情势大小、持续时间、频率和变化率时间序列图，其中虚线是每个IHA指标的RVA范围。7月、8月、9月、10月平均出库流量与入库流量有较大偏差，表明这4个月的月平均流量因水库运行而发生较大变化。

年最大出库流量与年最大入库流量存在显著差异，这是由于奥罗维尔湖在汛期时起到防洪作用，在非汛期时起到供水作用（Anghileri et al.，2016）。对于年最大流量，1天最大流量的相对变化高达−47.33%；对于年最小流量，1天最小流量的相对变化为−73.66%。整体而言，年最大出库流量和年最小出库流量的波动分别跟随年最大入库流量和年最小入库流量波动。随着天数的增加，最大出库流量和最大入库流量越来越接近，说明水库主要在短期内调节流量。

出库径流高流量脉冲次数整体上高于入库径流高流量脉冲次数，相对变化为86.55%。出库径流高流量脉冲持续时间整体上短于入库径流高流量脉冲持续时间，相对变化为−39.54%。出库径流低流量脉冲次数低于入库径流低流量脉冲次数，相对变化为−19.16%。出库径流低流量脉冲持续时间比入库径流的长，相对变化为55.98%。

出库径流的上升率低于入库径流的上升率，相对变化为−12.59%。类似地，出库径流的下降率也低于入库径流的下降率，相对变化为−1.22%。奥罗维尔湖的水库运行调度略微改变了上升率和下降率。此外，出库径流的流量翻转次数低于入库径流的流量翻转次数，相对变化为−10.60%。结果表明，源头水库的运行倾向于平滑入库径流的变化。

入库径流和出库径流的最大流量日期和最小径流日期也不同（图3-5）。图3-5左侧为最大流量日期，右侧为最小流量日期，黑色代表入库径流，浅灰色

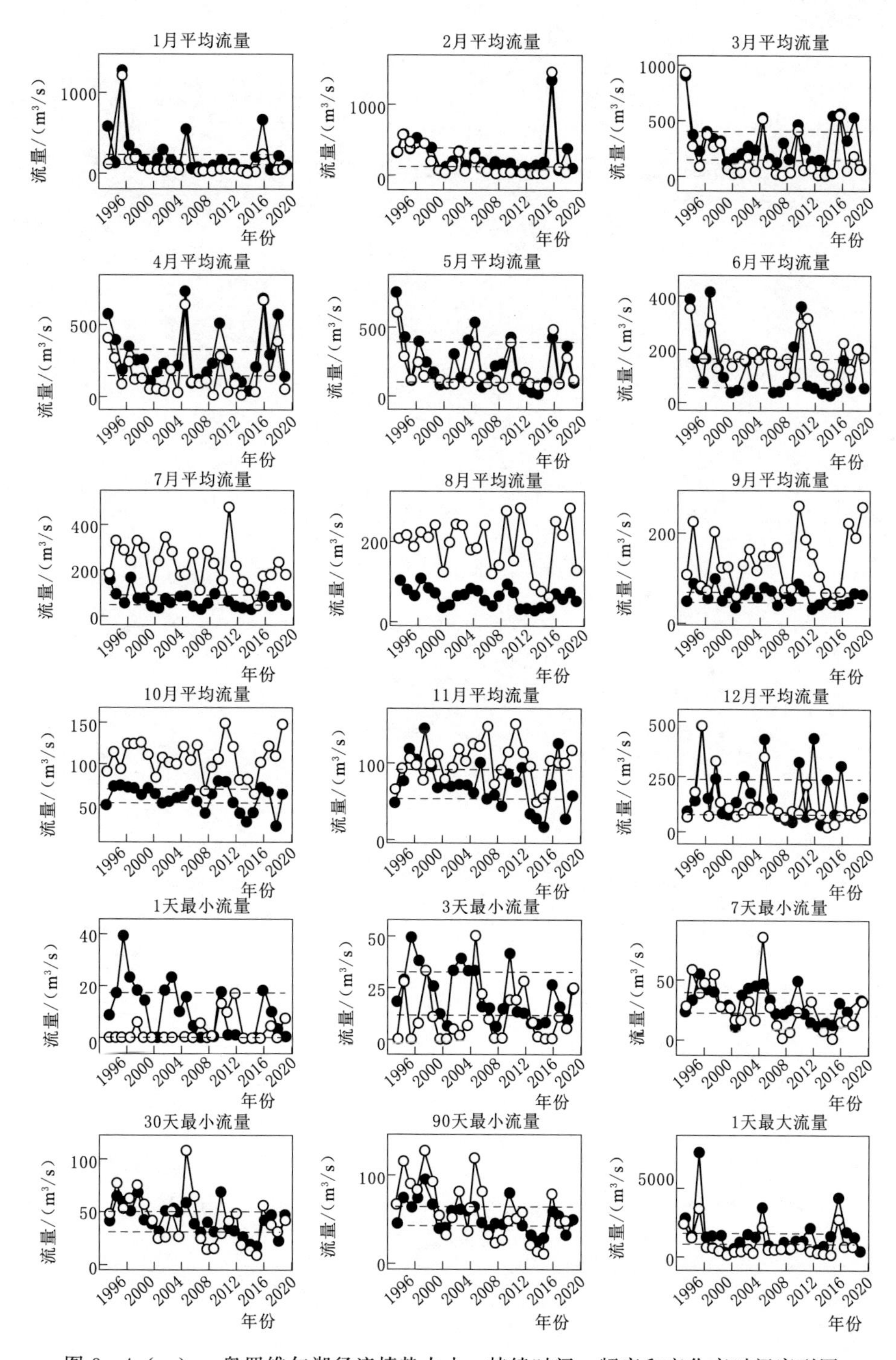

图 3-4(一) 奥罗维尔湖径流情势大小、持续时间、频率和变化率时间序列图

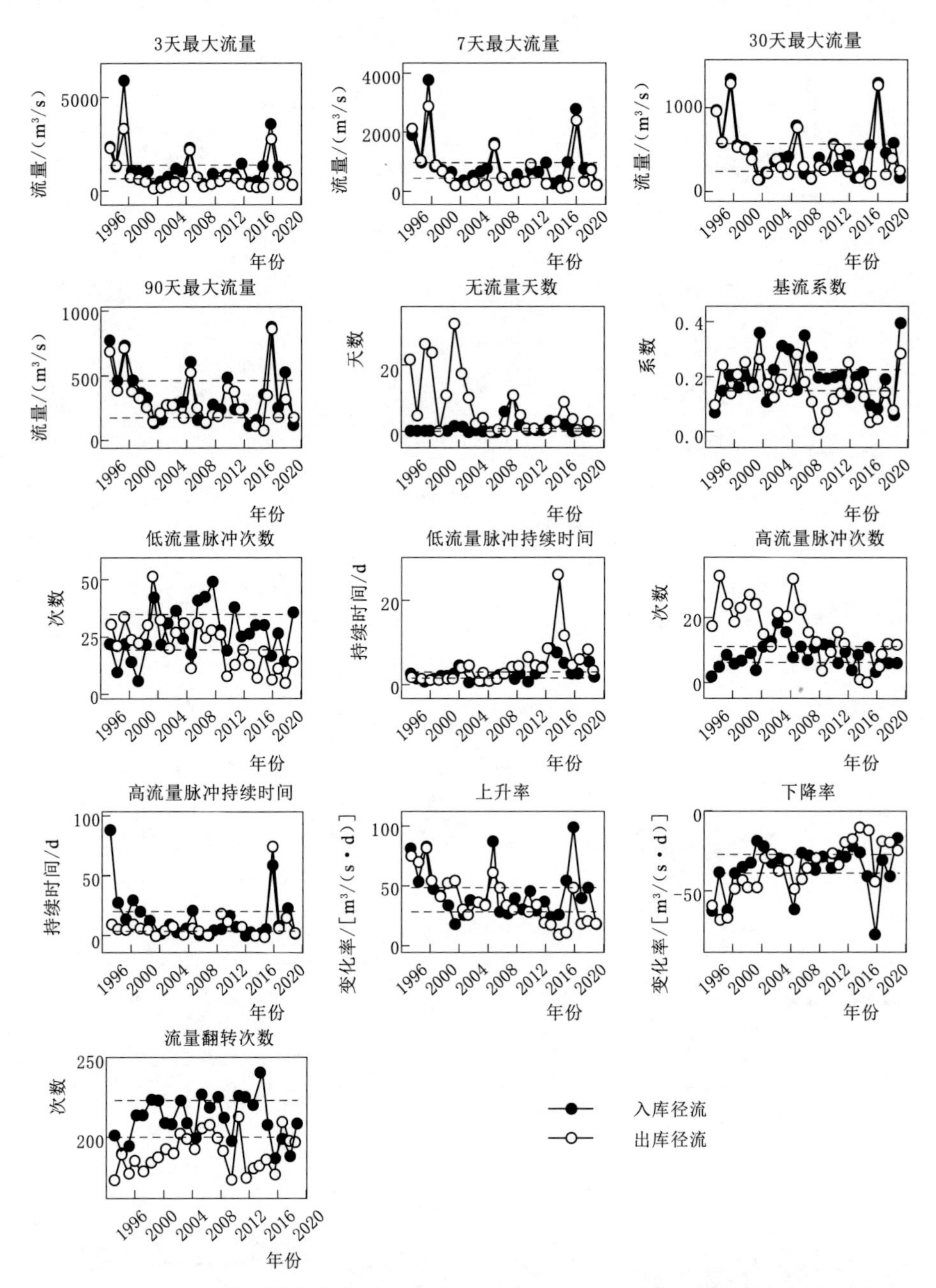

图 3-4（二） 奥罗维尔湖径流情势大小、持续时间、频率和变化率时间序列图

代表出库径流，直线为中位数，弧线为 25%到 75%分位数。入库径流最大流量日期通常发生在 2—3 月，属于汛期，出库径流最大流量日期通常晚于入库径流最大流量日期。入库径流最小流量日期主要发生在 9—10 月，属于非汛期，而

出库径流最小流量日期主要发生在1—6月，属于汛期。这些结果通常归因于水库在汛期用于防洪，它储存多余的水量用于非汛期的供水。

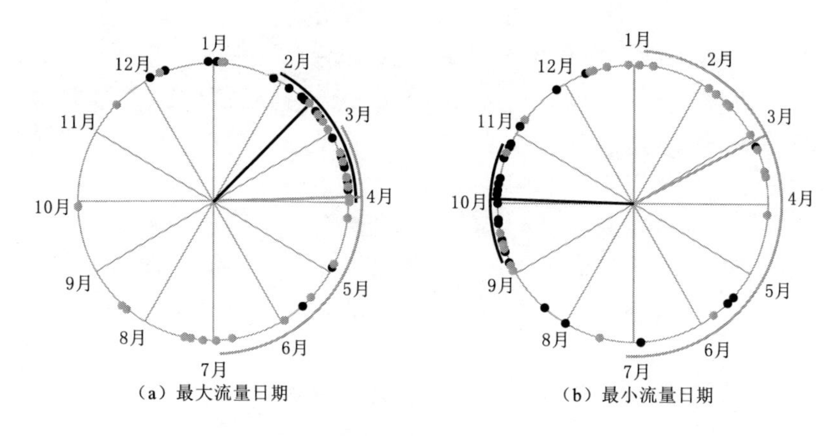

图3-5　奥罗维尔湖径流情势发生时间变化分析

图3-6为根据式（3-12）计算的奥罗维尔湖的IHA指标的水文改变度。奥罗维尔湖的水文改变度在大小、频率、持续时间、发生时间和变化率上是不同的。在奥罗维尔湖的33个IHA指标中，10个指标表现出高度变化，14个指标表现出中度变化。大多数水文改变为负值，表明大多数IHA指标超出RVA的范围，羽毛河的径流情势因水库调度而发生了很大变化。

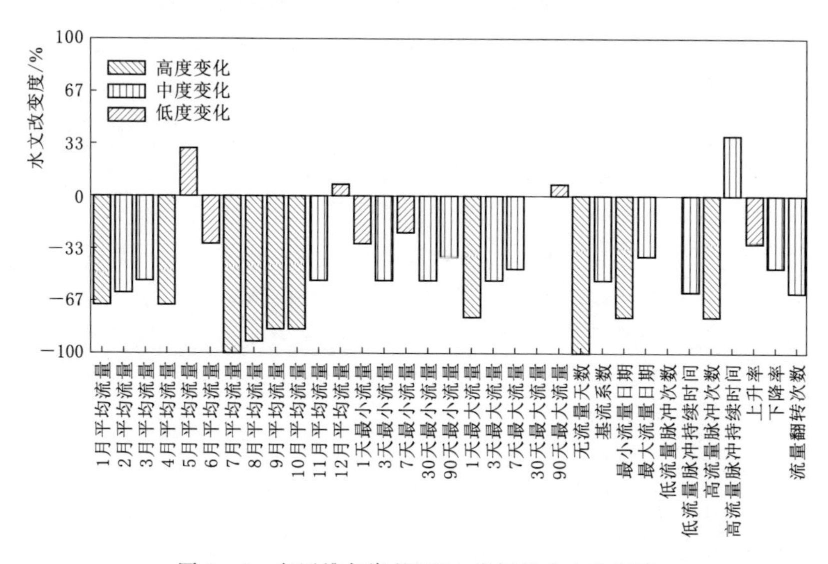

图3-6　奥罗维尔湖的IHA指标的水文改变度

3.2.3 不同来水年下的径流情势

标准化径流指数 *SRI* 由经验累积概率分布函数（Empirical Cumulative Distribution Function，ECDF）计算，用于分析丰水年、平水年和枯水年的径流情势变化（McKee et al.，1993）。奥罗维尔湖径流情势的大小、持续时间、频率和变化率在不同来水年下的变化情况如图 3-7 所示。丰水年的月平均出库流量通常高于枯水年的月平均出库流量。

对于年最大流量，奥罗维尔湖的出库径流最大流量在丰水年时较高，在枯水年时较低，表明出库径流最大流量主要由入库径流决定，即入库径流较高的年份，出库径流也较高。丰水年的出库径流最大流量变化较大。对于年最小流量，丰水年出库径流最小流量的变异性通常大于枯水年出库径流最小流量的变化。一般来说，奥罗维尔湖出库径流最小流量的变化大于出库径流最大流量的变化。

对于高流量脉冲，出库径流高流量脉冲的次数和持续时间在丰水年、平水年和枯水年中略有不同，表明出库径流在不同来水年下具有不同的模式。对于低流量脉冲，丰水年的出库径流低流量脉冲次数的变异性大于入库径流的低流量脉冲次数，说明极端湿润年份的出库径流可能具有更不均匀的时间分布。

在丰水年时，出库径流上升率和下降率的变异性小于入库径流，而在平水年和枯水年时，出库径流上升率和下降率的变异性大于入库径流。丰水年出库径流的上升率和下降率较高，枯水年较低，这与丰水年、平水年和枯水年入库径流的上升率和下降率的规律是一致的。此外，在丰水年、平水年和枯水年，出库径流的流量翻转次数少于入库径流的流量翻转次数，这表明在丰水年、平水年和枯水年的流量翻转次数的变化整体上是相似的。

奥罗维尔湖径流情势发生时间在不同来水年下的变化如图 3-8 所示。图 3-8 左侧为最大流量日期，右侧为最小流量日期，黑色代表入库径流，浅灰色代表出库径流，直线为中位数，弧线为 25%到 75%分位数。在丰水年、平水年和枯水年的情况下，入库径流最大流量日期和最小流量日期通常发生在同一季节。根据加利福尼亚州水项目水库的实际蓄水量，奥罗维尔湖的下泄水量根据下游用水需求和实时洪水预报进行动态调整（Anghileri et al.，2016）。出库径流最大流量日期在丰水年稍晚于入库径流最大流量日期，而在枯水年差异较大。这些结果表明，在丰水年、平水年和枯水年不同情况下，年极端流量发生时间发生不同程度的变化。

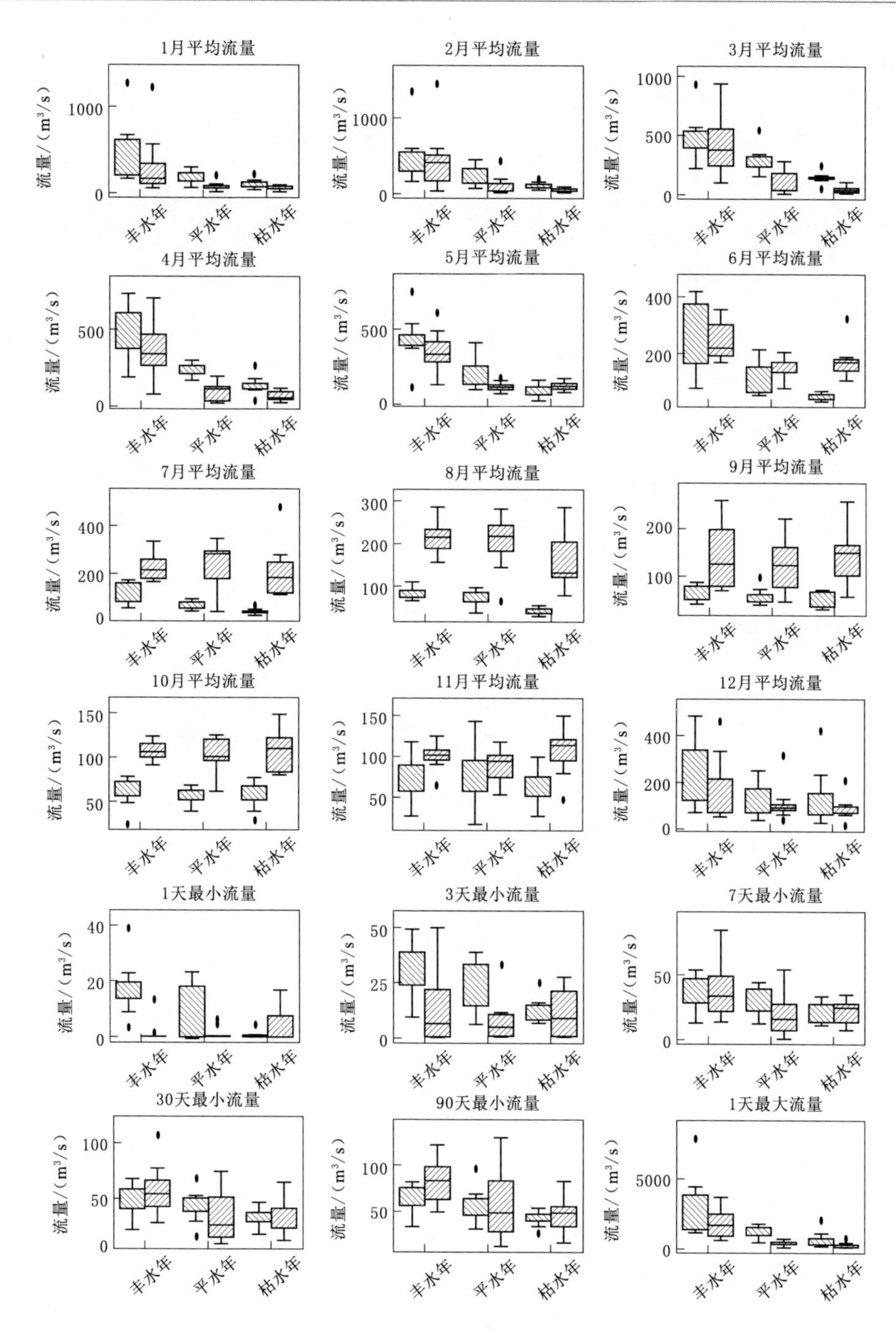

图 3-7(一) 奥罗维尔湖径流情势的大小、持续时间、频率和变化率在不同来水年下的变化情况

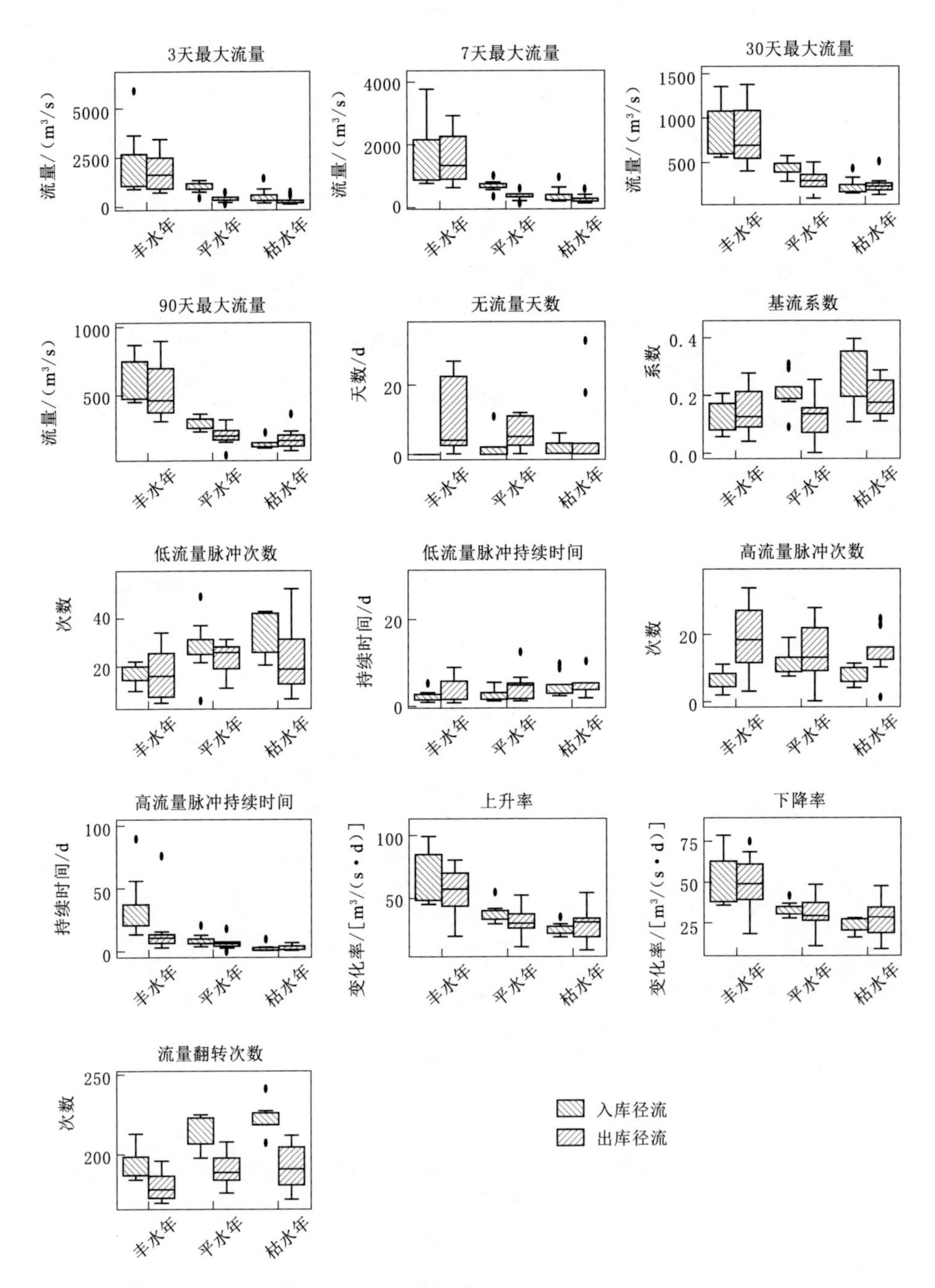

图 3-7(二) 奥罗维尔湖径流情势的大小、持续时间、频率和变化率在不同来水年下的变化情况

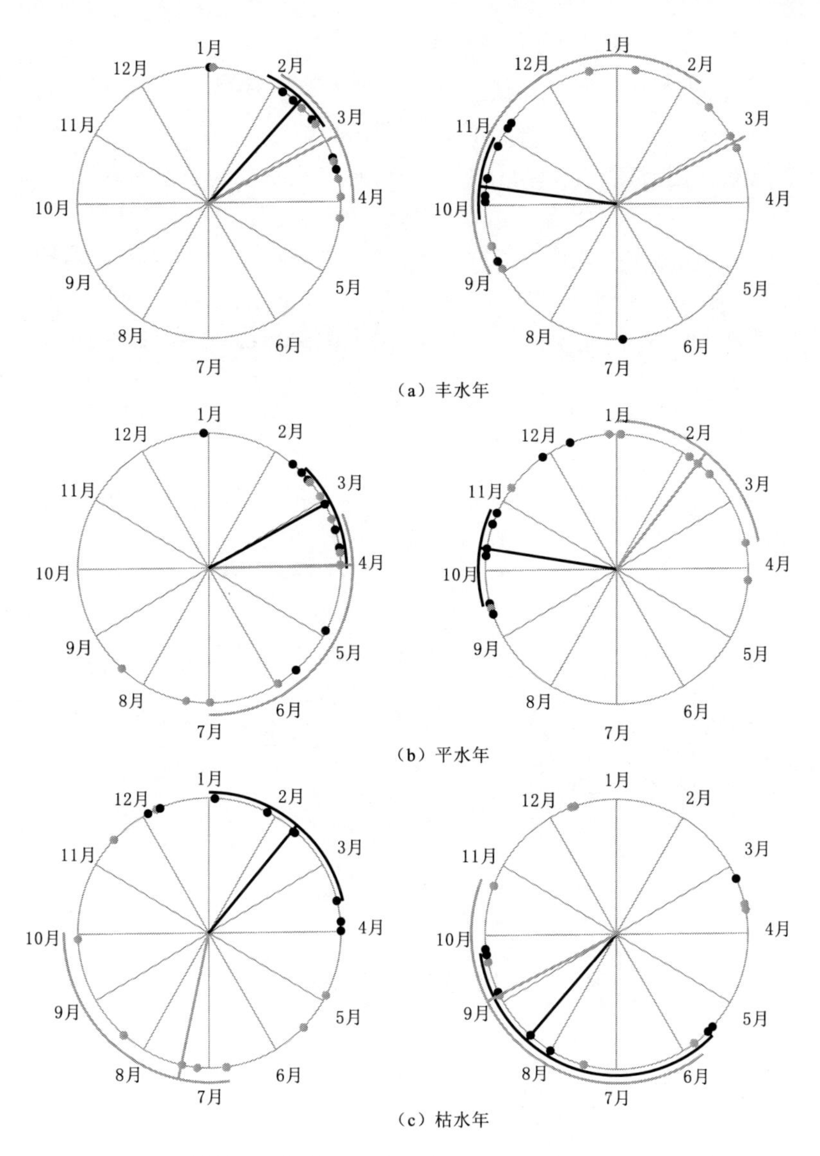

图 3-8 奥罗维尔湖径流情势发生时间在不同来水年下的变化

3.3 新丰江水库出入库径流情势

3.3.1 新丰江流域概况

东江是我国珠江流域最大的支流之一。东江流域属湿润的亚热带季风气候，导致降水年内分布不均，即年降水量的70%～80%发生在4—9月（Wu et al.，2018）。新丰江为东江的支流，新丰江水库位于新丰江的流域出口附近，是东江流域最大的水库（图3-9）。水库控制流域面积约为5740km²，约为东江控制站博罗站以上东江流域面积的1/4。新丰江水库位于中国广东省河源市，为多年调节水库，于1959年10月投入运营。如图3-9所示，新丰江流域的高程从18.00m到1389.00m不等，表现为流域出口出较低。水库的主要功能为防洪、水力发电、灌溉、工业和生活供水。总库容和死库容分别为13.9km³和4.3km³；正常蓄水位的水面面积为370km²。库区以亚热带季风气候为主，4—9月为雨季（Wang et al.，2019）。新丰江水库、枫树坝水库、白盆珠水库为东江流域三大水库，对东江流域的水资源开发利用具有重要作用。

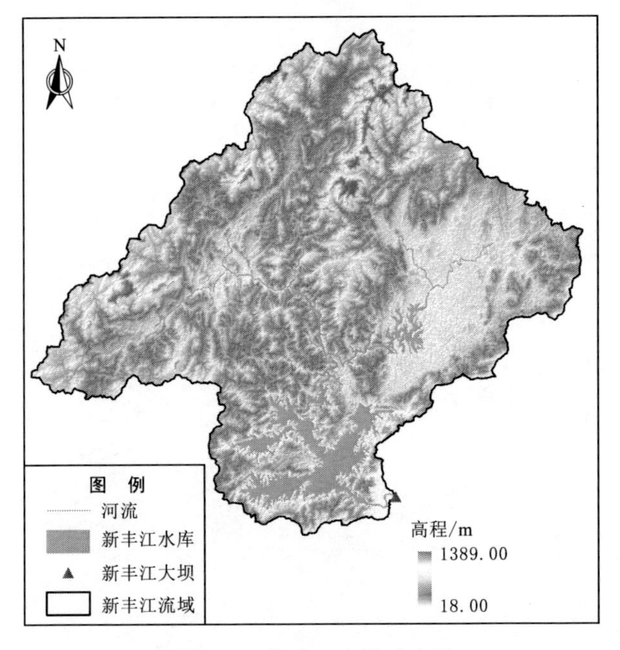

图3-9 新丰江流域示意图

3.3.2 出入库径流情势对比

新丰江水库出入库径流对比图如图3-10所示，左侧为入库径流，右侧为出库径流。对比入库径流与出库径流可以发现，新丰江水库的运行对河流的流量造成了很大的影响，径流的季节性特征发生明显变化。由于水库的运行，新丰江水库的出库径流相比入库径流变得更加平缓，出库径流汛期与非汛期的流量差异较小。在汛期时，新丰江水库根据防洪的需要存储入库的水量，减少汛期水库向下游释放的水量；在非汛期时，新丰江水库根据生活及生产需求向下游适当地释放水量以供使用。

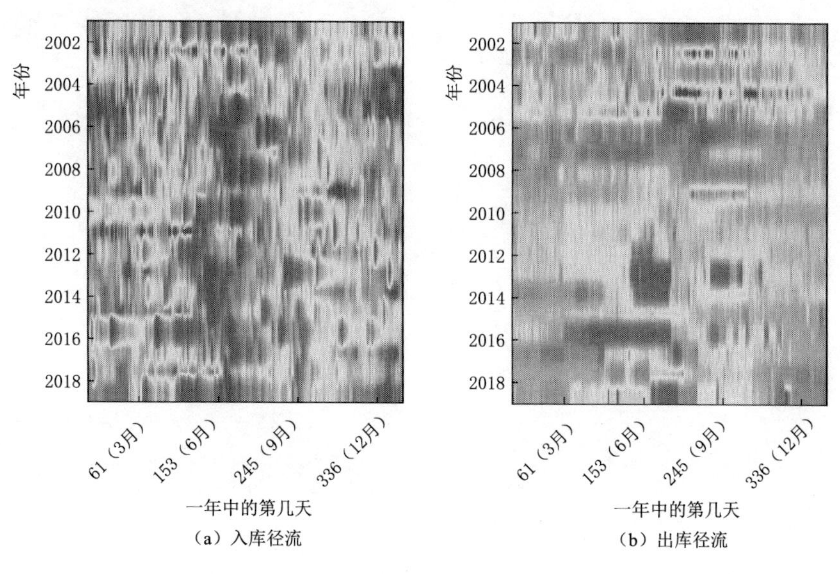

（a）入库径流　（b）出库径流

图 3-10　新丰江水库出入库径流对比图

新丰江水库入库径流和出库径流的 IHA 指标相对变化见表 3-4。新丰江水库有 20 个 IHA 指标的相对变化超过 50%，这表明新丰江水库的运行显著地改变了河流径流情势。其中，年极端流量有 10 个指标的相对变化超过 50%，这表明水库的运行似乎平滑了径流过程线。相对变化最大的指标为 7 天最小流量，相对变化达到 170.60%。出库径流相比入库径流的每月平均流量变化较大，在 4—9 月有不同程度的减少，在 10 月至次年 3 月有不同程度的增加。即在水库的调蓄作用下，非汛期时，月平均流量增加，且增加幅度较大；汛期时，月平均流量减少，且减少幅度相对较小。

表 3-4　新丰江水库入库径流和出库径流的 IHA 指标相对变化

组　别	IHA 指标	入库径流	出库径流	相对变化/%
第一组：月平均流量	1 月平均流量/(m^3/s)	69.63	174.88	**151.16**
	2 月平均流量/(m^3/s)	61.73	186.50	**202.12**
	3 月平均流量/(m^3/s)	125.59	173.01	37.76
	4 月平均流量/(m^3/s)	213.71	177.29	−17.04
	5 月平均流量/(m^3/s)	346.62	187.72	−45.84
	6 月平均流量/(m^3/s)	523.16	219.36	**−58.07**

续表

组　别	IHA 指标	入库径流	出库径流	相对变化/%
第一组：月平均流量	7月平均流量/(m^3/s)	257.69	183.19	−28.91
	8月平均流量/(m^3/s)	221.43	164.97	−25.50
	9月平均流量/(m^3/s)	152.54	147.35	−3.40
	10月平均流量/(m^3/s)	83.39	149.31	**79.06**
	11月平均流量/(m^3/s)	67.67	156.08	**130.64**
	12月平均流量/(m^3/s)	59.91	170.05	**183.83**
第二组：年极端流量	1天最小流量/(m^3/s)	17.62	40.35	**129.01**
	3天最小流量/(m^3/s)	22.24	59.68	**168.39**
	7天最小流量/(m^3/s)	26.32	71.22	**170.60**
	30天最小流量/(m^3/s)	38.65	88.12	**127.97**
	90天最小流量/(m^3/s)	56.90	109.90	**93.15**
	1天最大流量/(m^3/s)	2662.28	402.17	**−84.89**
	3天最大流量/(m^3/s)	1873.33	377.13	**−79.87**
	7天最大流量/(m^3/s)	1290.97	350.97	**−72.81**
	30天最大流量/(m^3/s)	679.80	310.46	**−54.33**
	90天最大流量/(m^3/s)	424.37	248.33	−41.48
	无流量天数/d	0.00	0.00	—
	基流系数	0.15	0.41	**167.27**
第三组：年极端流量发生时间	最小流量日期/d	333.61	184.22	−44.78
	最大流量日期/d	165.11	154.78	−6.26
第四组：高流量和低流量脉冲的频率及延时	低流量脉冲次数/次	19.67	5.17	**−73.73**
	低流量脉冲持续时间/d	4.55	1.03	**−77.25**
	高流量脉冲次数/次	14.28	18.78	31.52
	高流量脉冲持续时间/d	6.41	6.63	3.42
第五组：流量变化的变化率及频率	上升率/[m^3/(s·d)]	77.01	24.45	**−68.26**
	下降率/[m^3/(s·d)]	−58.94	−25.28	**−57.11**
	流量翻转次数/次	197.61	215.94	9.28

注　黑色粗体字表示相对变化超过50%。

新丰江水库径流情势大小、持续时间、频率和变化率时间序列图如图3-11所示，在新丰江水库的调蓄作用下，出库径流相比入库径流的年最大和最小流量表现出不一样的变化。对于年最大流量，入库径流年最大流量在年际间的波动较大，而出库径流的年最大流量在年际间的波动较小，这表明新丰江水库的

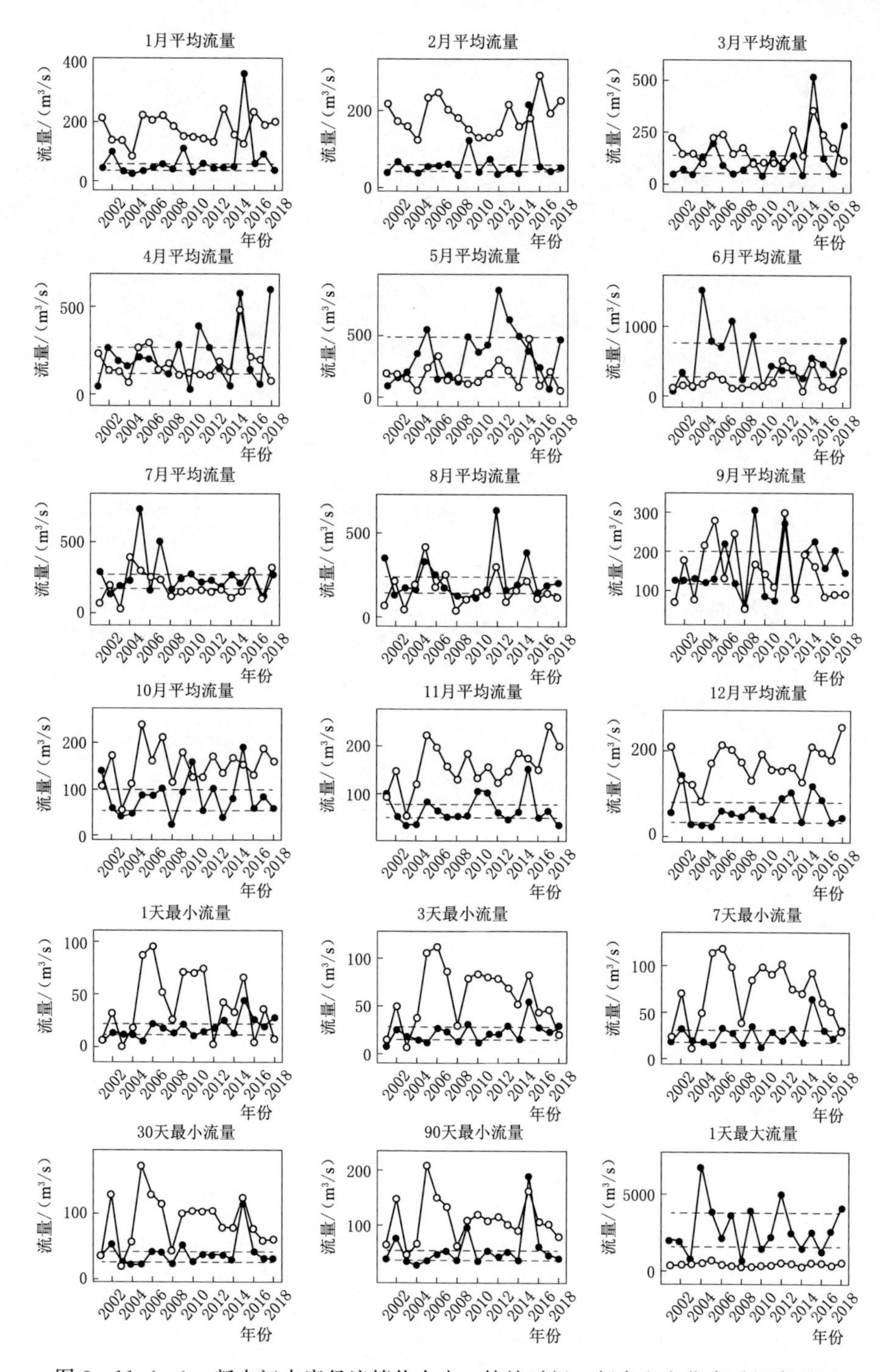

图 3-11（一） 新丰江水库径流情势大小、持续时间、频率和变化率时间序列图

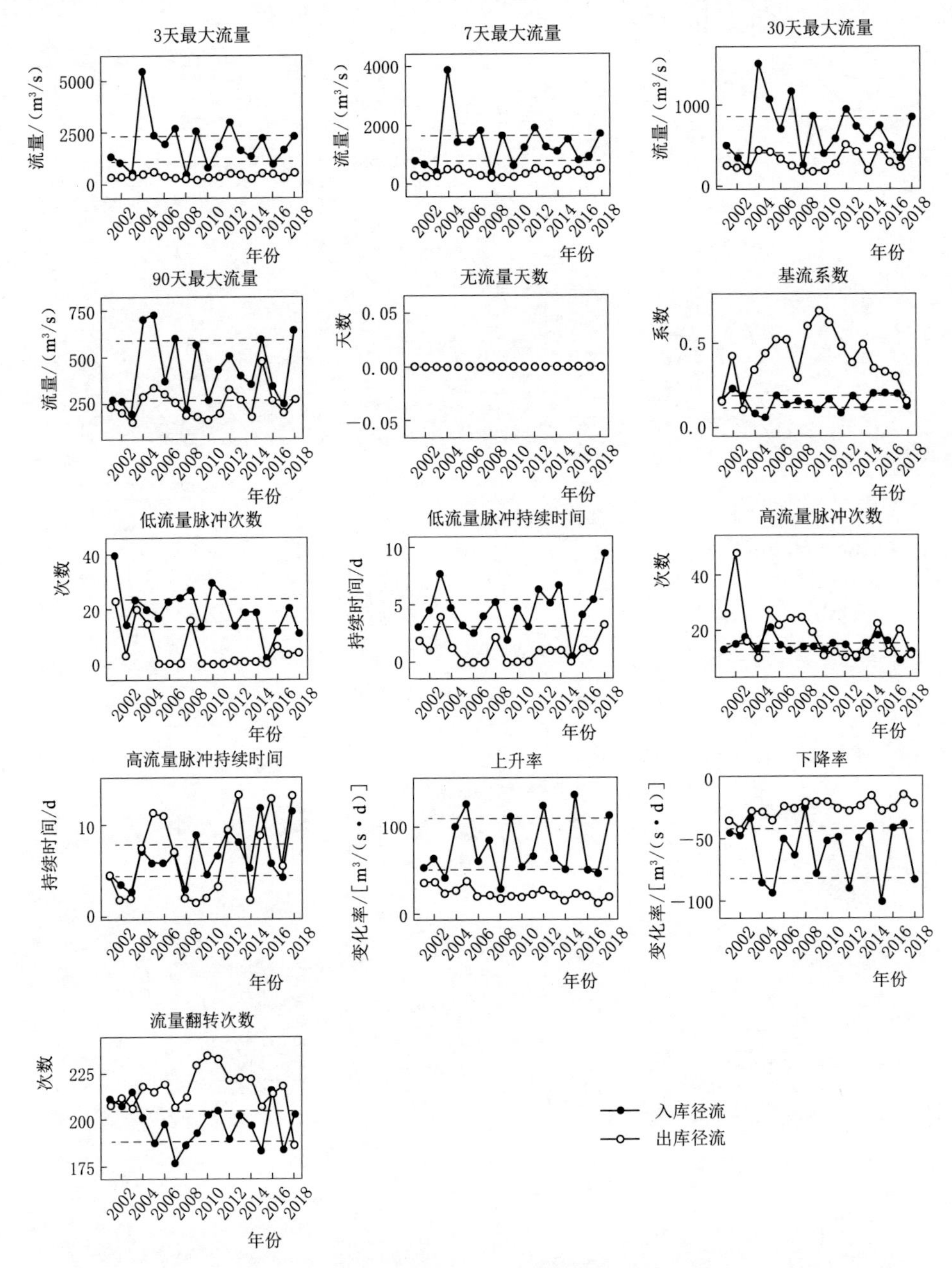

图3-11(二) 新丰江水库径流情势大小、持续时间、频率和变化率时间序列图

运行对年最大流量有很大的调节作用，其中，出库径流的1天最大流量相对入库径流减少了84.89%，变化幅度较大。出库径流年最大流量年际间的变化与出库径流一致，即入库径流的大时出库径流也大，表明出库径流年最大平均流量

主要由入库径流决定。对于年最小流量，出库径流年最小流量在年际间的波动较大，年最小流量相比入库径流均有不同程度的增加，且出库径流的年际间变化与入库径流差异较大，表明出库径流年最小平均流量主要受人为控制的影响。

高流量脉冲和低流量脉冲表现出不一样的变化。对于高流量脉冲，新丰江水库出库径流高流量脉冲持续时间相比入库径流变化不大，发生次数有一定的增加，其中，出库径流的高流量脉冲持续时间相对入库径流增加了 3.42%，高流量脉冲次数增加了 31.52%，虽然新丰江水库对入库流量过程的洪峰具有削减作用，但高流量脉冲次数和持续时间均有增加，这表明新丰江水库在调节时，保留了高流量脉冲，但高流量脉冲的强度被减弱。对于低流量脉冲，新丰江水库的出库径流低流量脉冲持续时间和次数均明显地减少，其中，出库径流的低流量脉冲持续时间相对入库径流减少了 77.25%，低流量脉冲次数减少了 73.73%，这可能与新丰江水库的下游供水有关，为了满足下游的需水，减少了低流量脉冲次数与持续时间。

出库径流的上升率和下降率均有明显减少，其中，出库流量的上升率相对入库径流减少了 68.26%，下降率相对入库径流减少了 57.11%，这表明新丰江水库对洪水过程具有调节作用。出库径流的流量翻转次数相比入库径流有略微的增加，相对入库径流增加了 9.28%。

新丰江水库径流情势发生时间变化分析如图 3－12 所示，图 3－12 中左侧为最大流量日期，右侧为最小流量日期，黑色代表入库径流，浅灰色代表出库径流，直线为中位数，弧线为 25%到 75%分位数。入库径流的年最大和最小流量发生时间较为集中，而出库流量的年最大和最小流量发生时间较为分散。对于年最大流量发生时间，出库径流的年最大流量发生时间相比入库径流变化不大，

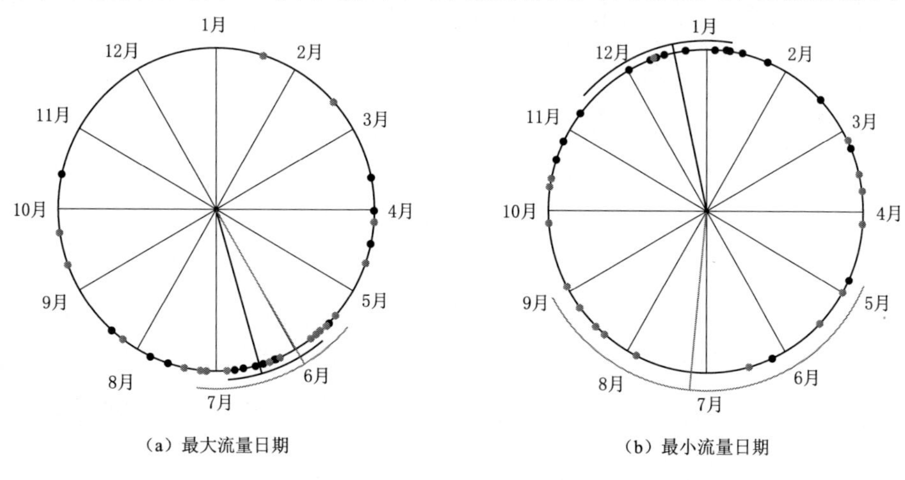

(a) 最大流量日期　　(b) 最小流量日期

图 3－12　新丰江水库径流情势发生时间变化分析

均集中发生在汛期，个别年份的出库径流的年最大流量发生时间发生在 1 月（非汛期）。对于年最小流量发生时间，出库径流的年最小流量发生时间相比入库径流具有明显的变化，入库径流年最小流量发生时间主要出现在非汛期（10 月至次年 3 月），而出库径流年最小流量发生时间主要出现在汛期（4—9 月），最小流量受水库的影响较大。

根据入库径流和出库径流的各个 IHA 指标，设定 RVA 的范围为各指标的 25%～75%分位数，计算各指标的水文改变度（DHA）。当水文改变度为 0～33%，则为轻度改变；当水文改变度为 33%～67%，则为中度改变；当水文改变度为 67%～100%，则为重度改变。通过对各个 IHA 指标的水文改变度的计算，可以对河流整体的径流情势改变程度进行评估。计算新丰江水库的 IHA 指标的水文改变度如图 3－13 所示，其中，21 个指标属于重度改变，8 个指标属于中度改变，4 个指标属于轻度改变。大多数指标的水文改变度为负值，表明有更多的年份偏离 RVA 的范围，表明新丰江水库下游河道的径流情势受水库的影响较大。

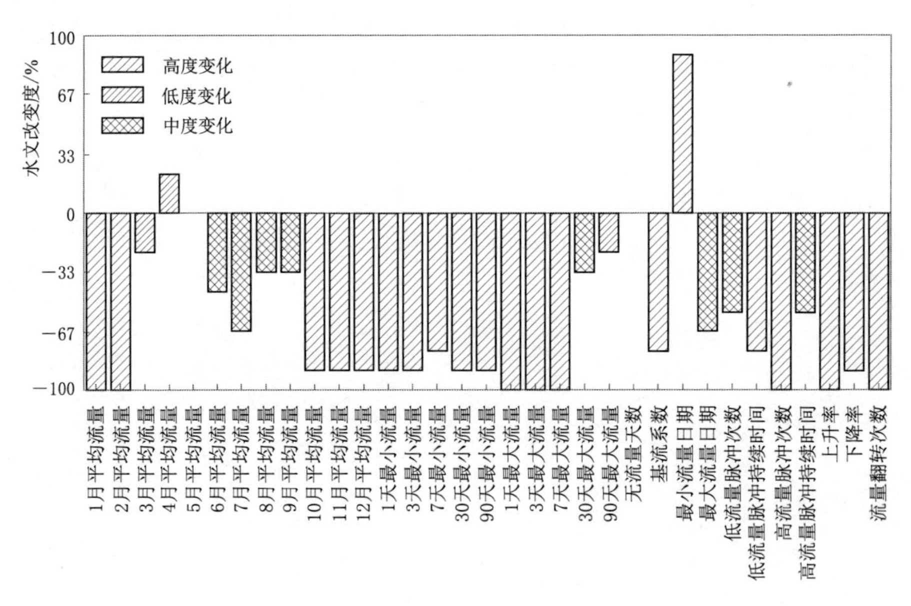

图 3－13　新丰江水库的 IHA 指标的水文改变度

3.3.3　不同来水年下的径流情势

新丰江水库径流情势的大小、持续时间、频率和变化率在不同来水年下的变化情况如图 3－14 所示。对于月平均流量，入库径流的月平均流量通常在丰水年较高，枯水年较低，同时，出库径流的月平均流量通常也在丰水年较高，枯

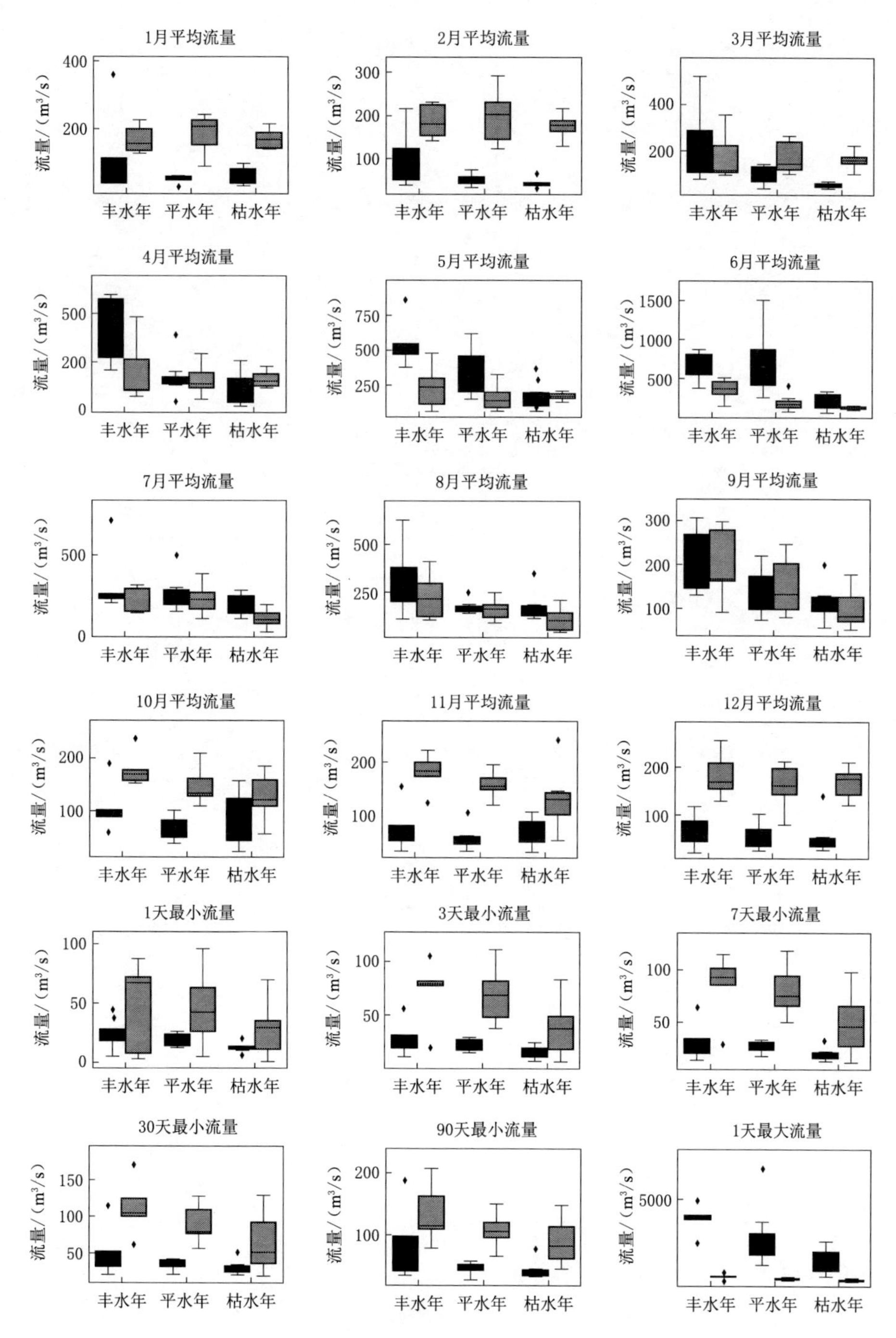

图 3-14（一） 新丰江水库径流情势的大小、持续时间、频率和变化率在不同来水年下的变化情况

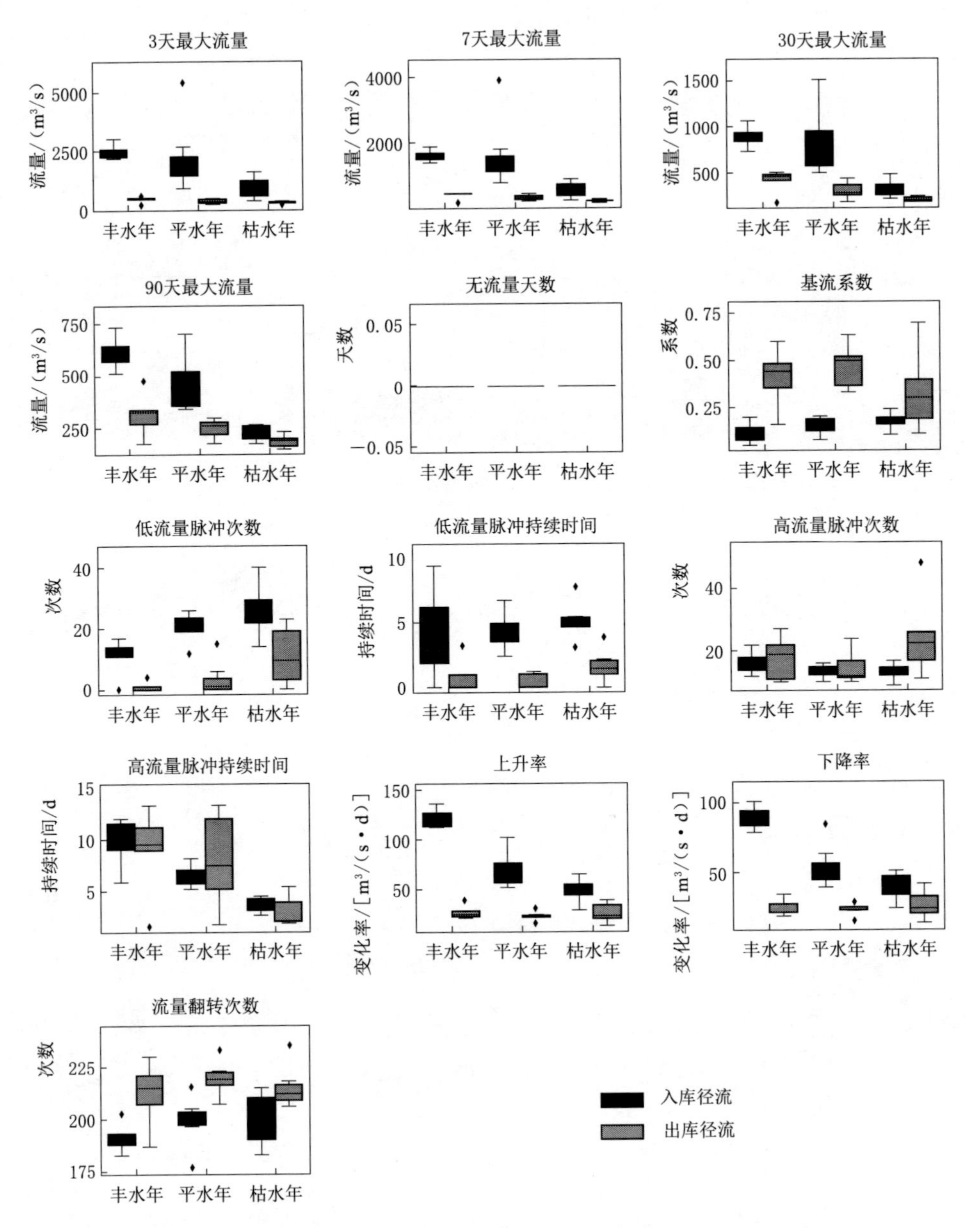

图 3-14（二） 新丰江水库径流情势的大小、持续时间、频率和变化率在不同来水年下的变化情况

水年较低，这表明出库径流主要受入库径流的影响。对于年极端流量，年最小流量经过水库调节后，变异性通常增大；年最大流量经水库调节后在丰水年、平水年和枯水年之间的差距变小，表明水库起到了蓄水的作用。对于高流量和

低流量脉冲的频率及延时，在丰水年、平水年和枯水年，出库径流低流量脉冲的频率和持续时间普遍小于入库径流，表明低流量事件经水库调节后显著的减少。对于流量变化的变化率及频率，丰水年、平水年和枯水年的出库径流上升率和下降率趋于一致，表明水库调节使得流量趋于平缓。

新丰江水库径流情势发生时间在不同来水年下的变化如图 3-15 所示。图 3-15 左侧为最大流量日期，右侧为最小流量日期，黑色代表入库径流，浅灰色代表出库径流，弧线为25%到75%分位数。入库径流的最大流量日期通常从丰水年、平水年到枯水年有推迟的趋势，而出库径流的最大流量日期通常出现在入库径流最大流量日期前后，这是由于新丰江水库汛期为了防洪的目的，改变了出库流量的大小。出库径流最小流量日期通常与入库径流有较大的差距，表明水库调节对最小流量日期有较大的影响。

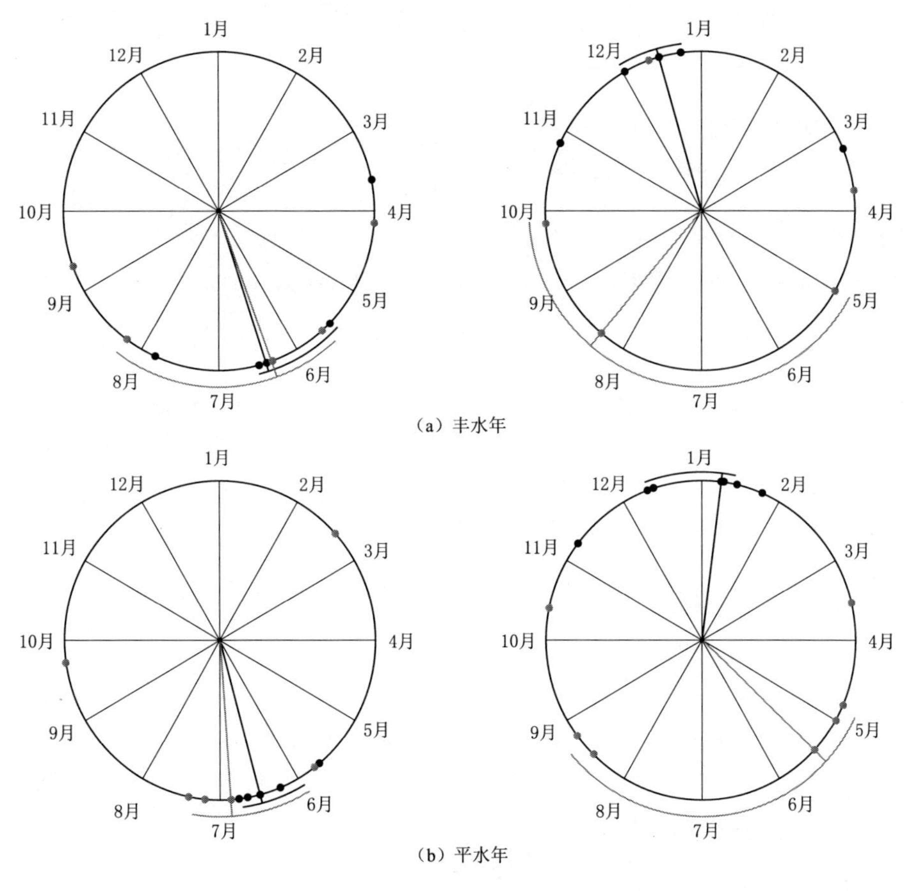

图 3-15（一） 新丰江水库径流情势发生时间在不同来水年下的变化

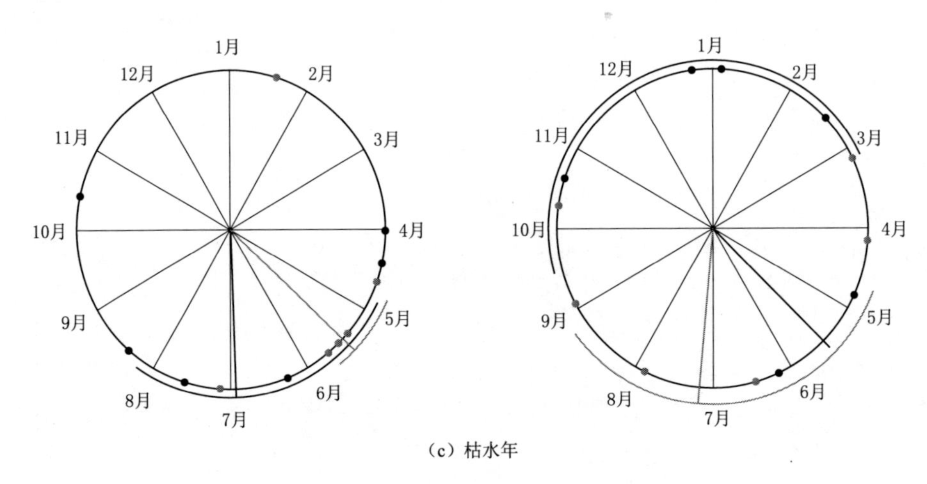

(c) 枯水年

图 3-15（二） 新丰江水库径流情势发生时间在不同来水年下的变化

3.4 径流情势变化的潜在影响

本书开发的 PairwiseIHA 工具包用于说明出库径流情势与入库径流情势的差异，并阐明水库调度对径流情势的具体影响。不同的水库调节类型，包括直接径流、水电调峰和蓄水，都会对径流情势产生影响，其中水电调峰的影响最大（Macnaughton et al.，2017）。水电调峰事件频繁、快速、大量地从大坝向下游泄水，以满足大量发电需求（Macnaughton et al.，2017）。由于水电调峰事件，河流流量经常发生变化，这会改变河流水质和径流情势（Macnaughton et al.，2017）。径流情势的变化将进一步影响河流生态系统的稳定性（Poff et al.，2007）。使用该工具包对奥罗维尔湖和新丰江水库出入库径流情势的分析结果表明，由于水库调度运行调节，出库径流情势与入库径流情势存在显著差异，奥罗维尔湖月平均流量受影响最大，新丰江水库年最大与最小流量变化较大，这些结果可为河流管理提供参考。

已有研究表明径流情势的变化对加利福尼亚州的水生和河漫滩生物有很大影响（Jager and Rose，2003；Merz and Setka，2004；Seesholtz et al.，2004）。大坝建设改变了奇努克鲑鱼中央谷地自然栖息地的条件（Fisher，1994）。奥罗维尔大坝是中央谷地的大坝之一（Seesholtz et al.，2004），它影响着羽毛河的连通性，并阻止奇努克鲑鱼的溯河洄游（Schick and Lindley，2007）。为了减少大坝建设对鲑鱼的影响，羽毛河鱼类孵化场于 1967 年完工，以补偿鲑鱼失去的栖息地（Seesholtz et al.，2004）。从上述分析可知，由于奥罗维尔湖的水库调度运行，春季出库径流月平均流量低于入库径流月平均流量，这可能会降低春季迁移的奇努克鲑鱼的存活率（Jager and Rose，2003）。这是因为在低流量的情况下，低浊度水流的捕食效率更高，并且由于鲑鱼迁移速度较慢，延长奇努克鲑鱼暴露于捕食风险的持续时间（Jager and Rose，2003）。同时，春季月平均流量大小的下降可能会影响春季鲑鱼的洄游，因为它的洄游通常与春季的高流量条件有关（Schick and Lindley，2007）。这些潜在的生态影响有助于指导水库调度运行从而恢复河流生态系统健康状态。

自然径流情势的恢复对于生态保护和河流管理至关重要（Palmer and Ruhi，2019）。有效的径流情势恢复需要很好地了解由于水库调度运行而导致的径流情势变化以及这些变化如何影响生物群和生态系统（Palmer and Ruhi，2019）。大坝影响着全球一半以上的大型河流（Wang et al.，2018）。许多研究表明，水库调度运行对河流下游径流情势有很大影响（Magilligan and Nislow，2005；Grill et al.，2019；Gierszewski et al.，2020）。因此，在水库运行调度中考虑生态目标以保护生态环境具有重要意义，这个话题在目前的水资源管理中越来越受到关注。例如，Kiernan 等（2012）发现，水库调节的春季高流量促进了加利福尼亚州普塔河（Putah Creek）下游本地鱼类的扩张；Chen 和 Olden（2017）发现，水库在冬末大量向下游泄水有利于圣胡安河（San Juan River）的本地物种，并提议水库可作为提供设计流量的工具；Nakamura 等（2020）发现，萨特内河（Satsunai River）大坝释放的人工洪水有效地恢复了日本萨特内河（Satsunai River）的一些洪泛区栖息地。

设计径流情势可以增加河流生态系统中的生物规模（Horne et al.，2017；Palmer and Ruhi，2019；Tonkin et al.，2021）。如何人为设计径流情势以满足不同生物群体的生态需求是一个复杂的问题，这将需要在多目标优化甚至不同生态元素之间进行权衡（左其亭，2002；左其亭 等，2008；Horne et al.，2017）。同时，RVA 目标针对不同的河流生态系统可能不同（Richter et al.，1997）。未来，PairwiseIHA 工具包可以集成到环境模型中，以综合考虑生态保护和河流管理中的径流情势目标。

3.5 本章小结

本章在应用广泛的 IHA 软件的基础上，根据 IHA 指标与 RVA 法，使用 Python 语言编写一个用于出入库径流情势变化分析的工具包 PairwiseIHA。该工具包通过关注出库径流情势与入库径流情势之间的差异，为环境模拟提供一个新的视角。PairwiseIHA 主要有 4 个步骤，包括数据输入、预处理、数据处理和结果分析，易用于水库的环境流量评估。同时，以加利福尼亚州的奥罗维尔湖和我国东江流域的新丰江水库为例，分析水库调度运行对径流情势的影响，主要结论如下：

（1）奥罗维尔湖的流量季节性受到水库调度运行的影响发生变化，表现为入库流量春季较高、出库流量夏季较高；新丰江水库的流量季节性也受到水库调度运行的影响发生变化，表现为入库流量夏季较高、出库流量季节差异较小。

（2）由于水库调度运行的影响，出库径流情势与入库径流情势有很大的不同，出库径流情势的大小、持续时间、发生时间、频率和变化率特征与入库径流情势相比呈现不同程度的变化，奥罗维尔湖月平均流量变化较大，新丰江水库年最小与最小流量变化较大。

（3）水库调度运行在丰水年、平水年和枯水年对径流情势的影响程度不同，但影响的趋势是一致的。

（4）水库调度运行显著影响河流的连通性并严重改变下游的径流情势状况，这表明水库调度需要在多目标优化中进行权衡，甚至在不同生态要素之间进行权衡。未来，可将PairwiseIHA集成入环境模型中，以综合考虑生态保护和河流管理中的径流情势目标。

第4章　入库与出库径流情势模拟效果分析

4.1　再分析径流情势模拟效果评价方法

4.1.1　网格单元与水库站点位置匹配

原始再分析网格单元的位置与水库站点位置相匹配，便于对径流再分析的有效性进行评估。位置匹配是由于水文站所在的网格单元可能与GloFAS-ERA5径流再分析中模拟的河网不重叠（Chen et al.，2021）。识别目标水库（y，x）的目标网格单元分为3个步骤：①根据水库的纬度y和经度x定位初始网格单元；②计算初始网格单元及其周围8个网格单元的原始再分析与观测入库径流之间的KGE（Gupta et al.，2009；Kling et al.，2012；Harrigan et al.，2020）；③将KGE最大的网格单元作为目标网格单元，并保存其经纬度（y'，x'）（Chen et al.，2021）。因此，目标水库的原始再分析、观测入库径流和观测出库径流分别从数据集D［式（2-1）］、数据集I［式（2-2）］和数据集O［式（2-3）］根据目标水库的纬度y和经度x提取：

$$\begin{cases} D_{y',x'}=[d_t] \\ I_{y,x}=[i_t] \\ O_{y,x}=[o_t] \end{cases} \tag{4-1}$$

式中：$D_{y',x'}$、$I_{y,x}$和$O_{y,x}$分别代表原始再分析、观测入库径流和观测出库径流的集合。值得注意的是，下标y'和x'代表目标网格单元的中心纬度和中心经度。

4.1.2　原始再分析误差订正

本书使用分位数映射法对径流再分析进行误差订正，以生成入库径流分位数映射再分析和出库径流分位数映射再分析（Zhao et al.，2022）。Harrigan

等（2020）在研究中发现，GloFAS-ERA5径流再分析的模拟效果因地区而异，在一些区域中存在着较大的系统正偏差，例如，美国中部、非洲、巴西东部和南美洲西海岸。在大气科学中，误差订正模型通常可用于消除原始气象再分析中的系统偏差，从而提高再分析的质量（Wood et al.，2002；Kim et al.，2016；Yuan，2016）。已有研究表明分位数映射法能够用于模拟径流的误差订正，且具有较好的效果（Hashino et al.，2007；Kang et al.，2010；Yuan and Wood，2012）。因此，使用分位数映射法在留一交叉验证法的框架下面向入库径流对日尺度的原始再分析进行误差订正，从而得到入库径流分位数映射再分析。留一交叉验证法即对原始再分析逐年进行误差订正，将目标年份的原始再分析和观测径流样本排除在训练样本之外（Huang et al.，2021）。分位数映射法根据CDF构建原始再分析与观测入库径流的映射关系，将原始再分析的CDF映射到观测入库径流的CDF，从而得到入库径流分位数映射再分析（Wood et al.，2002；Yuan，2016；Zhao et al.，2017）：

$$\tilde{i}_t = F_i^{-1}[F_d(d_t)] \tag{4-2}$$

式中：d_t为原始再分析的单个值；$F_d()$为原始再分析的ECDF；$F_i^{-1}()$为观测入库径流的ECDF的逆函数；$\tilde{i}_t$为入库径流分位数映射再分析的单个值。

将式（4-2）右边的$F_i^{-1}()$用$F_i()$替换，可推导关系：

$$F_i(\tilde{i}_t) = F_d(d_t) \tag{4-3}$$

由式（4-3）可知，CDF $F_d()$中的d_t与CDF $F_i()$中的$\tilde{i}_t$的分位数相同，通过这种方式，原始再分析中的分布与观测入库径流的分布相匹配。

类似地，使用分位数映射法在留一交叉验证法的框架下面向出库径流对日尺度的原始再分析进行误差订正，从而得到出库径流分位数映射再分析，类似于式（4-2），可表述为：

$$\tilde{o}_t = F_o^{-1}[F_d(d_t)] \tag{4-4}$$

式中：d_t为原始再分析的单个值；$F_d()$为原始再分析的ECDF；$F_o^{-1}()$为观测出库径流的ECDF的逆函数；$\tilde{o}_t$为出库径流分位数映射再分析的单个值。

根据对气象再分析的已有研究，观测入库径流（出库径流）和原始再分析的ECDF由一年中的第几天为中心的相同31天滑动窗口期中获取样本计算得到（Tang et al.，2021a；Tang et al.，2021b）。例如，一年中的第16天的原始再分析的ECDF和观测入库径流的ECDF分别由样本所有年份的1月1—31日（中心为1月16日）的原始再分析和观测入库径流数据计算得到。

4.1.3 径流情势模拟效果评价

IHA指标用于表征出入库径流情势（Richter et al.，1996；Poff et al.，

1997；Richter et al.，1997），使用 PairwiseIHA 工具包计算入库径流与出库径流的 IHA 指标。具体而言，为便于计算 IHA 指标，观测出入库径流的缺失值替换为相应的月平均值；高（低）流量脉冲的阈值采用默认设置，即 75%（25%）分位数；水文年以最低多年月平均观测入库流量的月份为起始月份。*KGE* 用于指示原始再分析、入库径流（出库径流）分位数映射再分析对于出入库径流序列以及径流情势的模拟效果。*KGE* 是一个无量纲的评价指标，针对径流时间序列计算，以评估再分析时间序列拟合观测出入库径流的时间序列的效果：

$$KGE_Q=1-\sqrt{(r_Q-1)^2+(\beta_Q-1)^2+(\gamma_Q-1)^2} \tag{4-5}$$

式中：r_Q 为原始再分析（分位数映射再分析）与观测（出入库）径流之间的 Pearson 相关系数；β_Q 为偏差率；γ_Q 为变异率。

同时，为每个 IHA 指标计算 *KGE*，以评估再分析时间序列模拟径流情势的有效性：

$$KGE_{\text{IHA}}=1-\sqrt{(r_{\text{IHA}}-1)^2+(\beta_{\text{IHA}}-1)^2+(\gamma_{\text{IHA}}-1)^2} \tag{4-6}$$

式中：r_{IHA} 为原始再分析（分位数映射再分析）的 IHA 指标与观测（出入库）径流的 IHA 指标之间的 Pearson 相关系数；β_{IHA} 为偏差率；γ_{IHA} 为变异率。值得注意的是，33 个 IHA 指标的 KGE_{IHA} 分别根据每个 IHA 指标的序列计算。

4.1.4 实验设计

在原始再分析和分位数映射再分析的基础上，设置三个实验用于研究再分析在模拟入库径流情势和出库径流情势方面的有效性（表 4-1）。

表 4-1　数值实验的设置

实验编号	再分析	观　测	输　出
E1	D^{SHA}	I^{SHA} 和 O^{SHA}	KGE_{DI}^{SHA} 和 KGE_{DO}^{SHA}
E2	$\widetilde{I}^{SHA}$ 和 $\widetilde{O}^{SHA}$	I^{SHA} 和 O^{SHA}	$KGE_{\widetilde{I}I}^{SHA}$ 和 $KGE_{\widetilde{O}O}^{SHA}$
E3	D^{35}	I^{35} and O^{35}	KGE_{DI}^{35} 和 KGE_{DO}^{35}
	$\widetilde{I}^{35}$ 和 $\widetilde{O}^{35}$		$KGE_{\widetilde{I}I}^{35}$ 和 $KGE_{\widetilde{O}O}^{35}$

注　KGE_{DI} 表示原始再分析与观测入库径流的 IHA 指标之间的 *KGE*，以此类推。

实验一（E1）旨在研究原始再分析在模拟加利福尼亚州最大的水库沙斯塔湖的入库径流情势和出库径流情势方面的有效性。原始再分析、观测入库径流和观测出库径流的 IHA 指标分别由原始再分析、观测入库径流和观测出库径流的时间序列计算得到。计算原始再分析与观测入库径流（出库径流）之间的 IHA 指标的 *KGE*，以评估原始再分析在模拟入库径流（出库径流）径流情势方面的有效性。

实验二（E2）旨在研究沙斯塔湖入库径流（出库径流）分位数映射再分析在模拟入库径流（出库径流）径流情势方面的有效性。原始再分析由分位数映射法进行误差订正，以生成沙斯塔湖的入库径流（出库径流）分位数映射再分析。入库径流（出库径流）分位数映射再分析的 IHA 指标由入库径流（出库径流）分位数映射再分析的时间序列计算得到。计算入库径流（出库径流）分位数映射再分析与观测入库径流（出库径流）之间的 IHA 指标的 *KGE*，以评估入库径流（出库径流）分位数映射再分析在模拟入库径流（出库径流）径流情势方面的有效性。

实验三（E3）将实验一与实验二的分析从沙斯塔湖扩展到 35 个水库，旨在研究再分析在模拟出入库径流情势方面的有效性的鲁棒性。原始再分析由分位数映射法进行误差订正，以生成加利福尼亚州 35 个主要水库的入库径流（出库径流）分位数映射再分析。同样，计算入库径流（出库径流）与原始再分析（分位数映射再分析）之间的 IHA 指标的 *KGE*，以评估径流再分析在模拟入库（出库）径流情势方面的有效性的鲁棒性。

4.2 再分析模拟效果评价

沙斯塔湖（Shasta Lake）为加利福尼亚州最大的水库，以它为例展示径流再分析对出入库径流序列的模拟效果。图 4-1 为沙斯塔湖的原始再分析与观测入库径流的时间序列图和 4 个季节的原始再分析与观测入库径流的散点图，展示了原始再分析在模拟入库径流方面的表现。从图 4-1（a）可以看出，原始再分析通常能够捕获入库径流的季节性，*KGE* 为 0.64，表明原始再分析能够较好地模拟入库径流。对于 *KGE* 的 3 个分量，一方面，相关系数高达 0.79，表明原始再分析与入库径流具有线性相关关系。偏差率和变异率分别为 0.74 和 1.13，这意味着原始再分析的均值和变异系数存在偏差。从图 4-1（b）～图 4-1（e）可以看出，原始再分析的模拟效果随季节而变化，在非汛期（JJA 和 SON）时，*KGE* 通常会下降到接近于 0，尽管存在较高的相关性。这一结果是由于均值和变异系数存在较大的偏差。相比之下，在汛期（MAM 和 DJF）时，*KGE* 趋向更高，偏差率和变异率趋于 1，这一结果表明原始再分析在沙斯塔湖的案例研究中更好地模拟了高流量。

沙斯塔湖的原始再分析与观测出库径流的时间序列图和 4 个季节的原始再分析与观测出库径流的散点图如图 4-2 所示。原始再分析和出库径流之间存在较大的差异，这导致 *KGE* 从图 4-1（a）中的 0.64 降低到图 4-2（a）中的 0.22。模拟效果变差的原因是水库在汛期蓄水降低高流量并在非汛期向下游泄

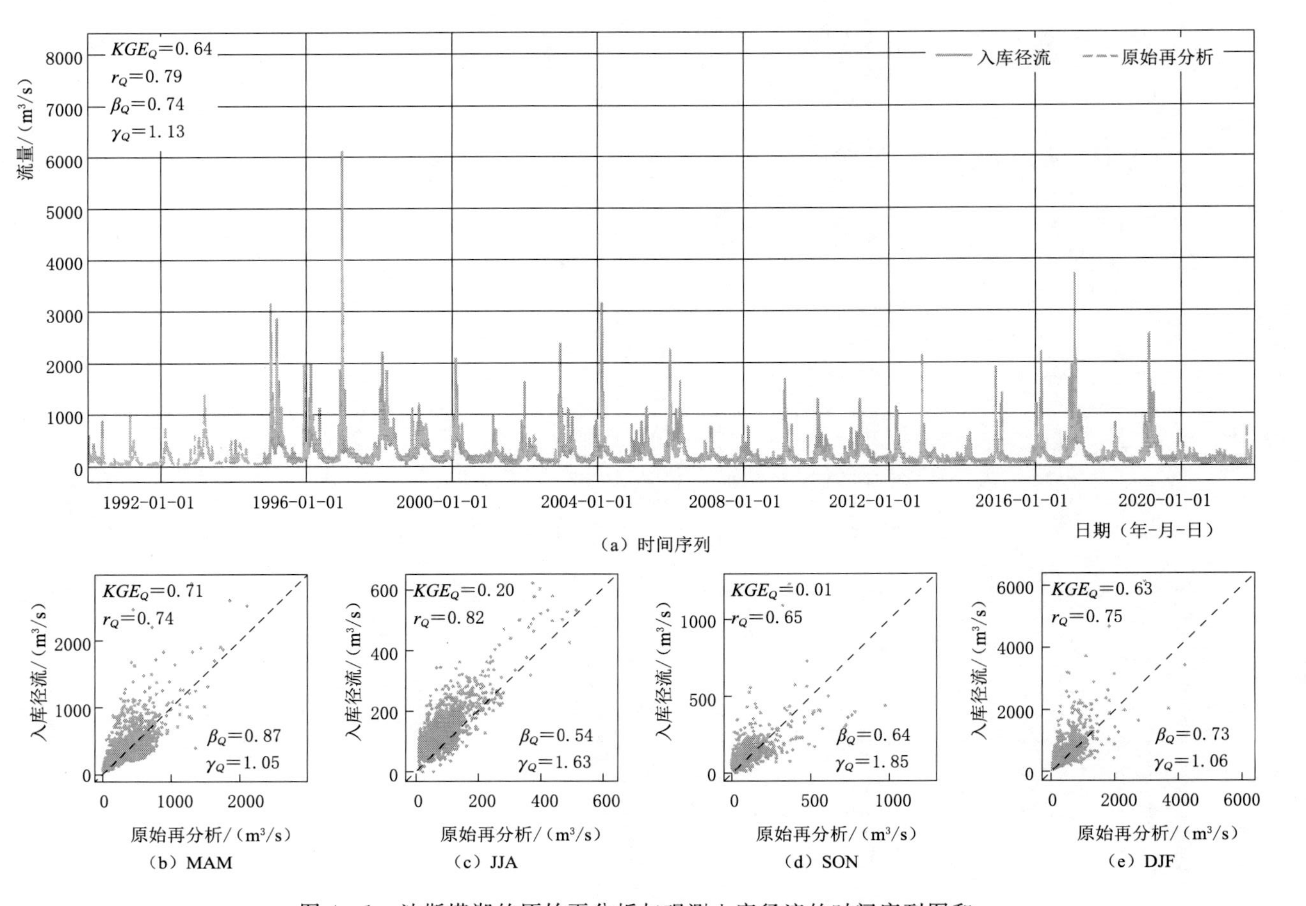

图4-1 沙斯塔湖的原始再分析与观测入库径流的时间序列图和4个季节的原始再分析与观测入库径流的散点图

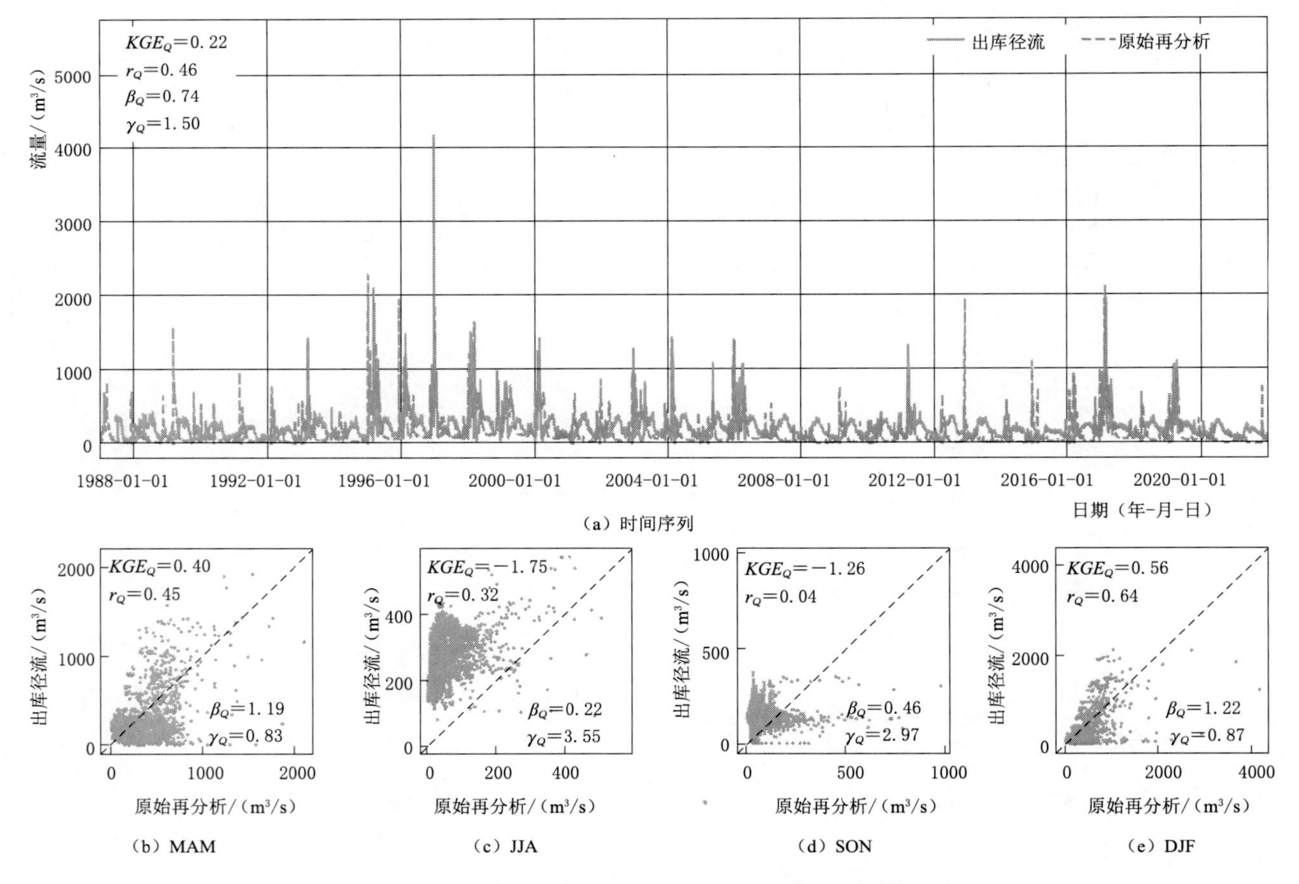

图 4-2 沙斯塔湖的原始再分析与观测出库径流的时间序列图和4个季节的原始再分析与观测出库径流的散点图

水增加低流量（Liu et al.，2011；Zhao et al.，2012；Zhao et al.，2014）。在汛期，水库调度运行通过降低相关系数和增加偏差率和变异率导致 *KGE* 降低；在非汛期，由于均值和变异系数存在较大的偏差，导致 *KGE* 出现负值。整体而言，图 4-2 与图 4-1 的对比表明，原始再分析提供了对于入库径流有价值的信息，而其对于水库调节的出库径流信息并不非常有效。

沙斯塔湖的分位数映射再分析与观测入库径流的时间序列图和 4 个季节的分位数映射再分析与观测入库径流的散点图如图 4-3 所示。图 4-3 和图 4-1 都关注沙斯塔湖的入库径流。从时间序列图可以发现，*KGE* 从原始再分析的 0.64 增加到入库径流分位数映射再分析的 0.77。虽然相关性在很大程度上相似，但 *KGE* 的改进归因于偏差的减小。值得注意的是，图 4-3 上半部分的偏差率和变异率分别为 1.01 和 1.02，表明入库径流分位数映射再分析的均值（变异系数）与入库径流的均值（变异系数）几乎相同。图 4-3 下半部分的 4 个散点图也表明，分位数映射法的使用使得 4 个季节的偏差率和变异率接近 1，因此，*KGE* 得到显著改善，特别是在非汛期（JJA 和 SON）。这些结果证实了分位数映射法在误差订正中的有效性（Hashino et al.，2007；Kang et al.，2010；Yuan and Wood，2012）。

沙斯塔湖的分位数映射再分析与观测出库径流的时间序列图和 4 个季节的分位数映射再分析与观测出库径流的散点图如图 4-4 所示。比较图 4-4 和图 4-2 的上半部分，可以观察到原始再分析季节性的效果有一定程度的改善，出库径流分位数映射再分析的季节性变得与出库径流的季节性相似。类似地，分位数映射法的使用有效地订正均值和变异系数的偏差。因此，*KGE* 从原始再分析的 0.22 增加到出库径流分位数映射再分析的 0.63。图 4-4 下半部分的散点图还说明，在 4 个季节中，分位数映射法能够订正原始再分析均值和变异系数的偏差。整体而言，这些结果突出了将原始再分析的 CDF 与出库径流的 CDF 相匹配的分位数映射法的有效性。

图 4-5 为径流再分析与 35 个水库出入库径流序列之间的 *KGE*、相关系数、偏差率和变异率的 ECDF 图，用于进一步地说明原始再分析在模拟出入库径流时间序列方面的有效性。对于原始再分析，这些水库的原始再分析和入库径流（出库径流）之间的 *KGE* 大多大于零，表明原始再分析在模拟入库径流和出库径流序列方面具有一定的潜力。同时可以发现，原始再分析在模拟入库径流方面的效果优于出库径流。原始再分析在模拟出入库径流方面具有很高的相关性，具有较大的潜在技能。经过误差订正后，分位数映射再分析的 *KGE* 大于原始再分析，即入库径流分位数映射再分析和出库径流分位数映射再分析的表现优于原始再分析。值得注意的是，分位数映射再分析的相关性与原始再分析相

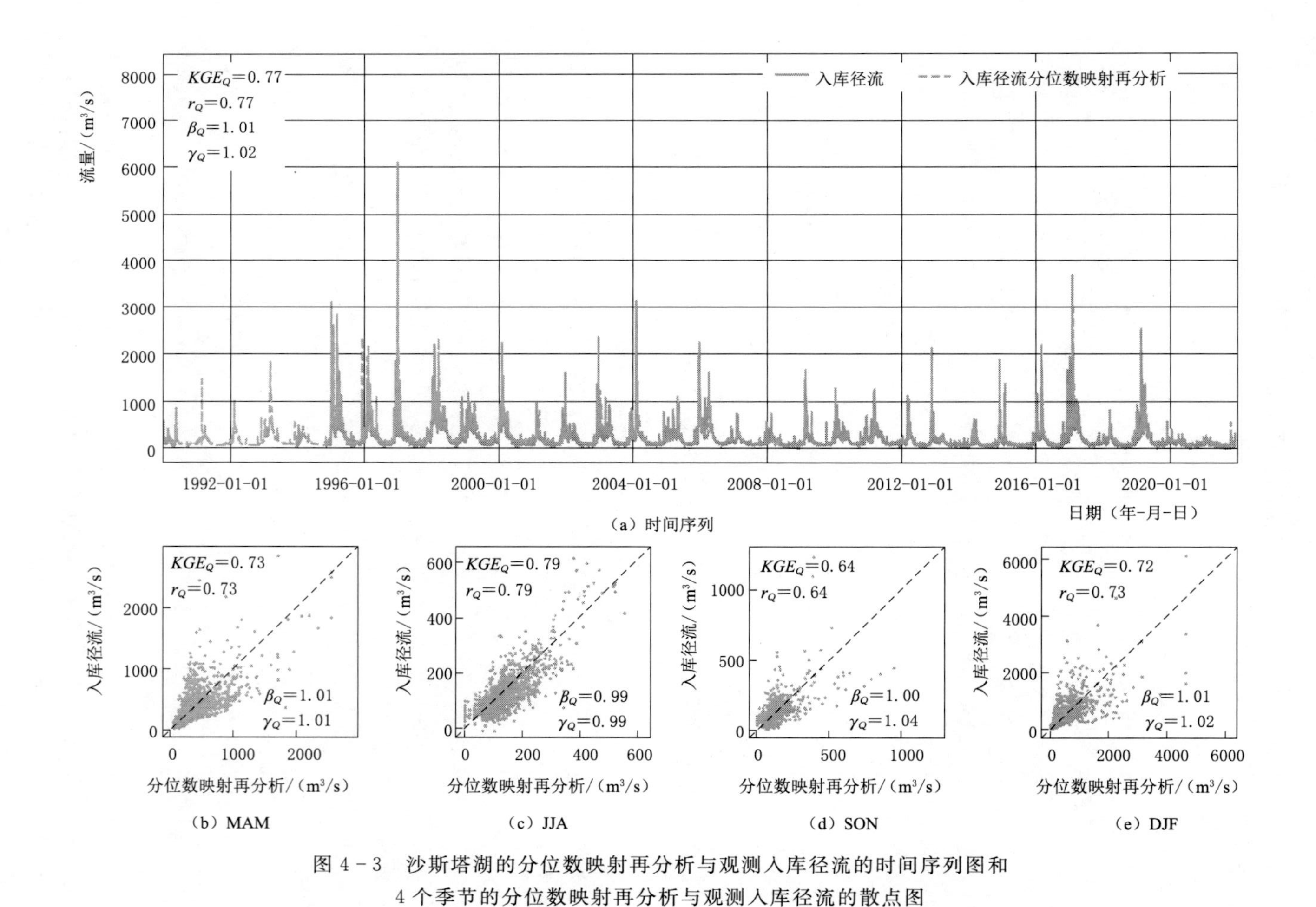

图 4-3 沙斯塔湖的分位数映射再分析与观测入库径流的时间序列图和4个季节的分位数映射再分析与观测入库径流的散点图

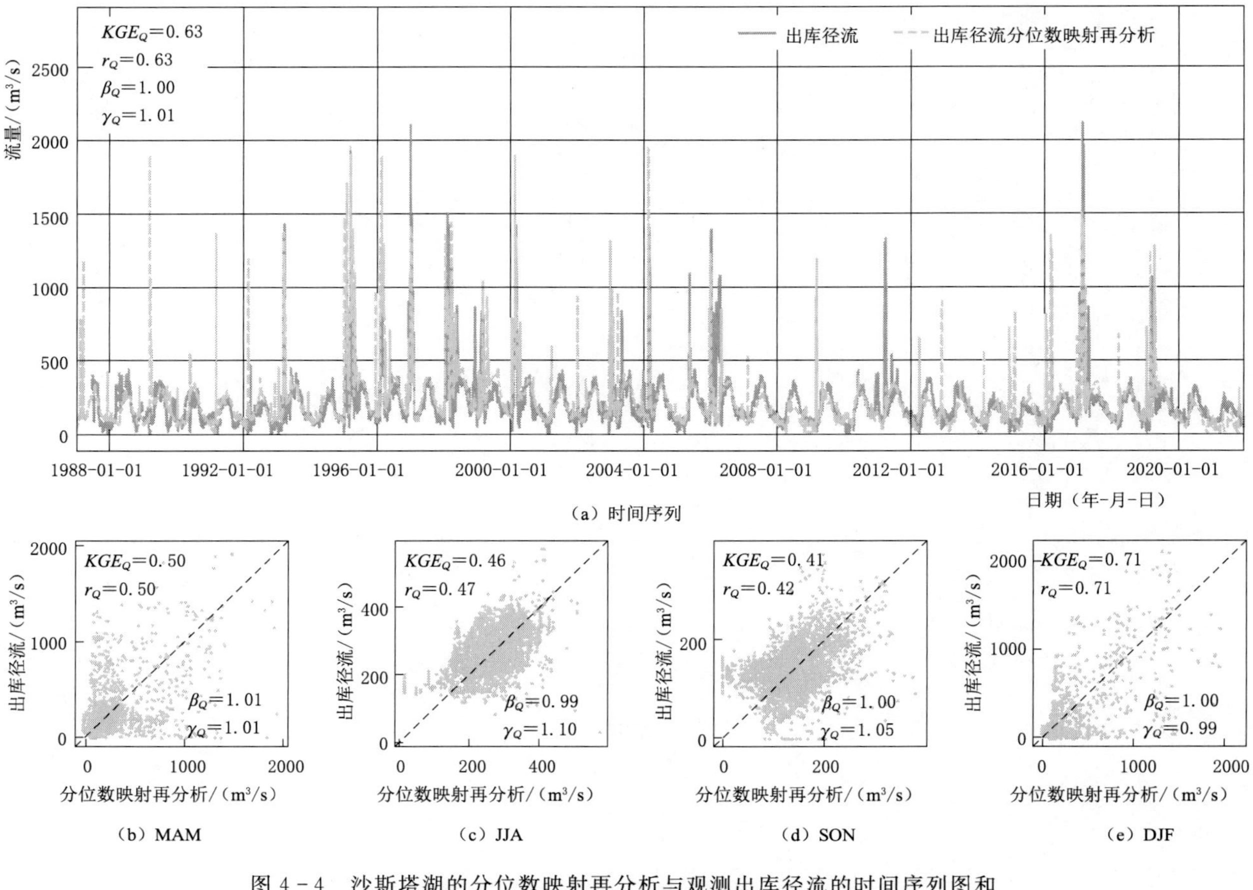

图 4-4 沙斯塔湖的分位数映射再分析与观测出库径流的时间序列图和4个季节的分位数映射再分析与观测出库径流的散点图

当，而分位数映射再分析的均值和变异性偏差明显减小。也就是说，*KGE* 的提高主要归因于偏差的减小。

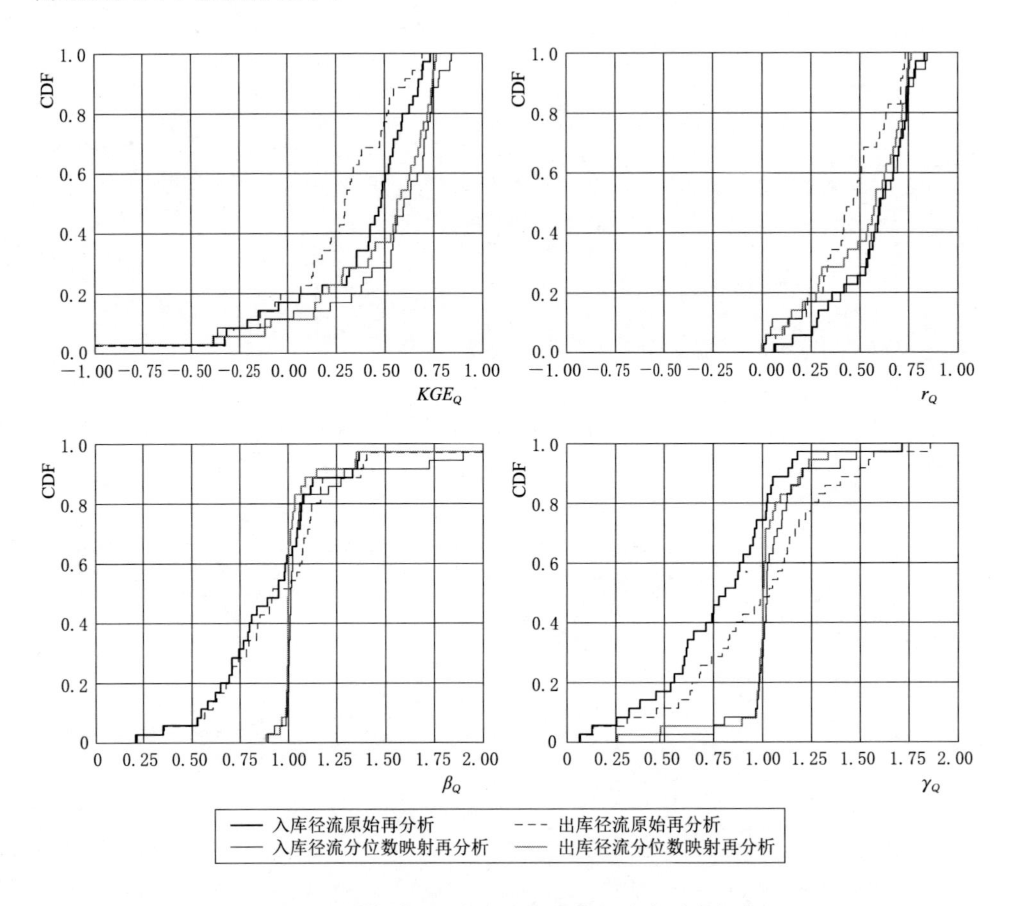

图 4-5　径流再分析与 35 个水库出入库径流序列之间的 *KGE*、相关系数、偏差率和变异率的 ECDF 图

4.3 出入库径流情势模拟效果对比

沙斯塔湖原始再分析与出入库径流的 IHA 指标之间的 *KGE*、相关系数、偏差率和变异率如图 4-6 所示。对于入库径流，*KGE* 大多大于零，除了 4 个非汛期月平均流量指标、5 个最小流量指标和 1 个低流量脉冲持续时间指标。由于原始再分析的这些 IHA 指标与入库径流的这些 IHA 指标之间存在一定的相关性，负 *KGE* 是低流量的均值和变异系数的显著偏差造成的。对于出库径

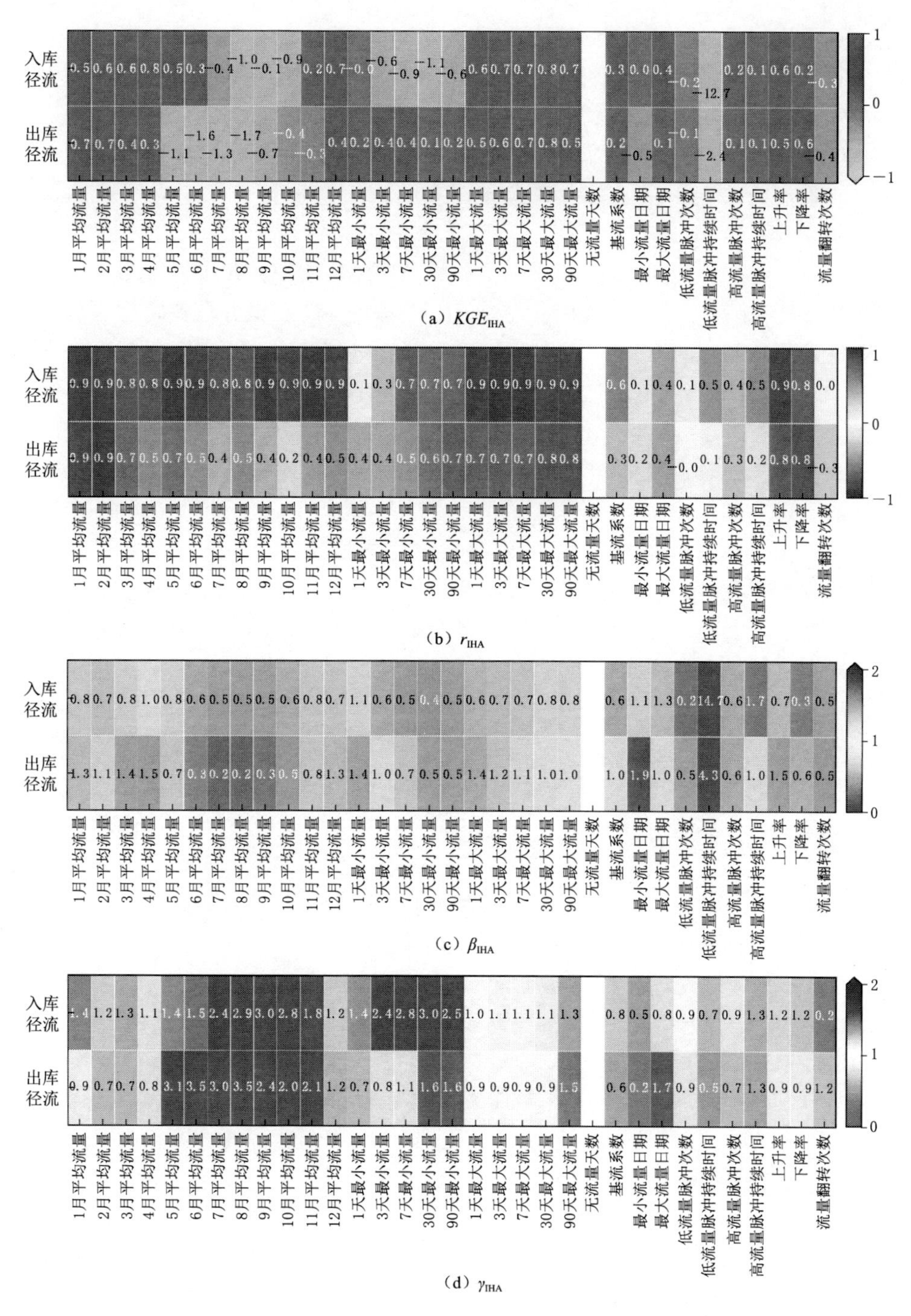

(a) KGE_{IHA}

(b) r_{IHA}

(c) β_{IHA}

(d) γ_{IHA}

图 4-6　沙斯塔湖原始再分析与出入库径流的 IHA 指标之间的 KGE、相关系数、偏差率和变异率

流，月平均流量的7个指标的 *KGE* 值为负值，这一结果是由于水库调度运行使出库径流的季节性与入库径流的季节性大不相同。值得注意的是，由于变异性偏差的减小，最小流量的5个指标的 *KGE* 似乎对出库径流而言有所改善。整体而言，较高的 *KGE* 和相关性突出了原始再分析在模拟局部径流情势存在有价值的信息，而偏差率和变异率表明该信息被均值和变异系数的偏差所影响。

对于分位数映射再分析，针对33个IHA指标使用 *KGE* 及其3个组成部分评估其效果（图4-7)。比较图4-7和图4-6，可以发现分位数映射法的使用能够有效地订正原始再分析中的偏差：对于大多数IHA指标，偏差率几乎为1，变异率趋于1。因此，*KGE* 已经明显改善。同时，关注低流量径流情势的IHA指标，对于入库径流，4个IHA指标，即1天最小流量、无流量天数、低流量脉冲次数和低流量脉冲持续时间效果仍较差。对于出库径流，有2个模拟效果较差的IHA指标，即1天最小流量和无流量天数。

进一步评估加利福尼亚州35个主要水库的原始再分析和分位数映射再分析。径流再分析对于35个水库的入库径流关于33个IHA指标的 *KGE*、相关系数、偏差率和变异率的箱形图如图4-8所示。左侧是原始再分析，右侧是分位数映射再分析。比较图4-8的两侧，可以观察到，分位数映射法的使用不仅在沙斯塔湖的案例研究中有效，而且在其他34个水库的案例研究中，都明显增加了IHA指标的 *KGE*。对于 *KGE* 的3个分量，相关系数的箱形图几乎没有变化。相比之下，在使用分位数映射法订正误差后，偏差率和变异率的箱形图均趋于1。特别是12个月平均流量的偏差率变得非常接近1。这表明 *KGE* 的改进主要是由于对均值和变异性偏差的订正。还应注意的是，对于低流量脉冲持续时间和1天最小流量，实现的改进较少。总体而言，对于入库径流，其低流量径流情势相比其高流量径流情势而言更难以模拟。

图4-9为径流再分析对于35个水库的出库径流关于33个IHA指标的 *KGE*、相关系数、偏差率和变异率的箱形图。图4-9两侧的 *KGE* 箱形图表明，分位数映射法有效地改善了出库径流情势的模拟效果。对于 *KGE* 的3个分量，可以观察到分位数映射法稍微改变了相关性，并且这种方法明显使偏差率和变异率趋于1，特别是月平均流量的偏差率。因此，*KGE* 的改进是由于分位数映射法的有效误差订正。同时，对于出库径流情势，无流量天数和低流量脉冲持续时间的 *KGE* 改进较少。同样地，其低流量径流情势整体上比其高流量径流情势更难以模拟，这意味着分位数映射法侧重于再分析的CDF与入库径流（出库径流）的CDF的整体匹配，可能会遗漏一些关于入库径流（出库径流）尾部分布的信息。

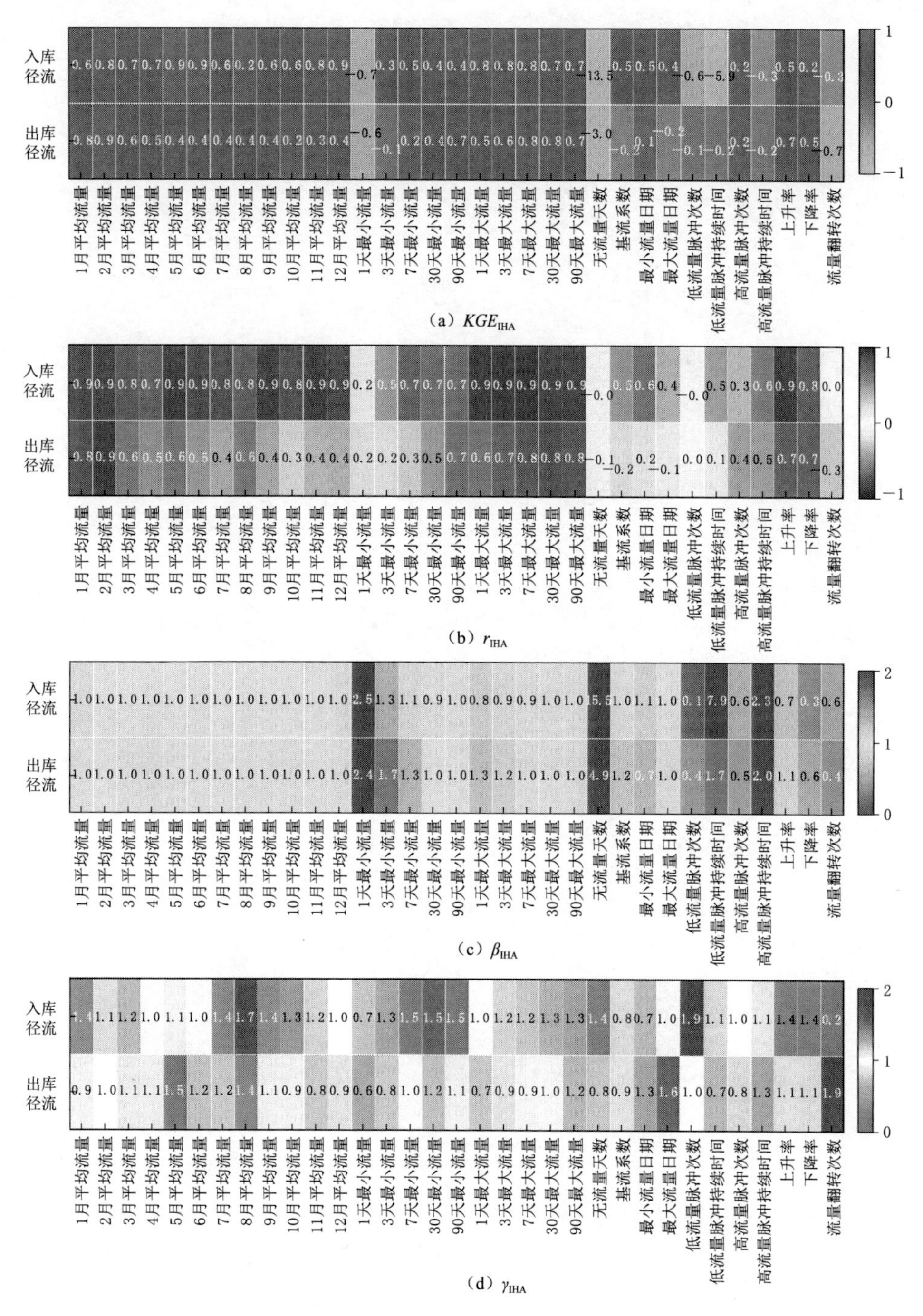

(a) KGE_{IHA}

(b) r_{IHA}

(c) β_{IHA}

(d) γ_{IHA}

图 4-7 沙斯塔湖分位数映射再分析与出入库径流的 IHA 指标之间的 *KGE*、相关系数、偏差率和变异率

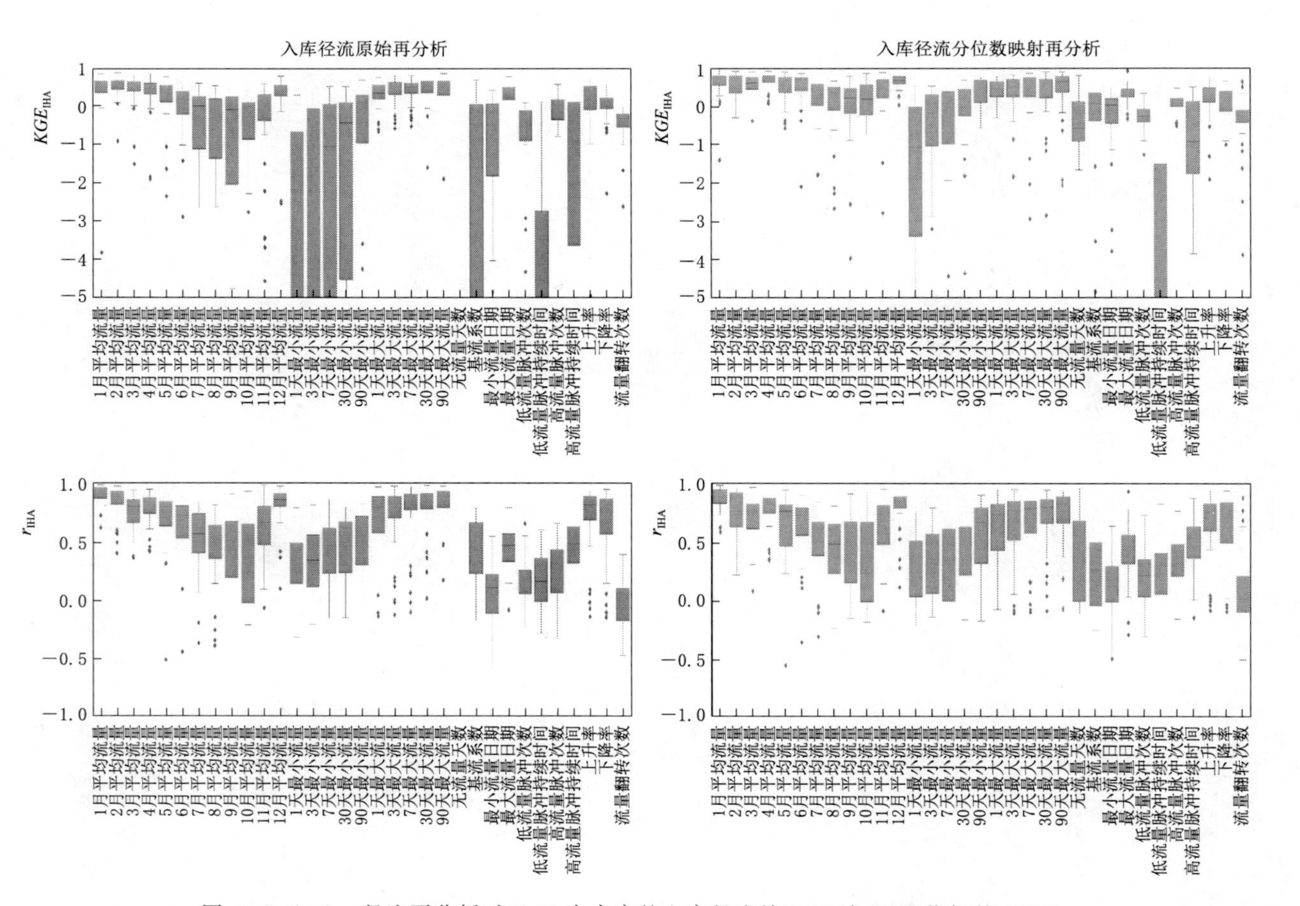

图 4-8（一）　径流再分析对于 35 个水库的入库径流关于 33 个 IHA 指标的 KGE、相关系数、偏差率和变异率的箱形图

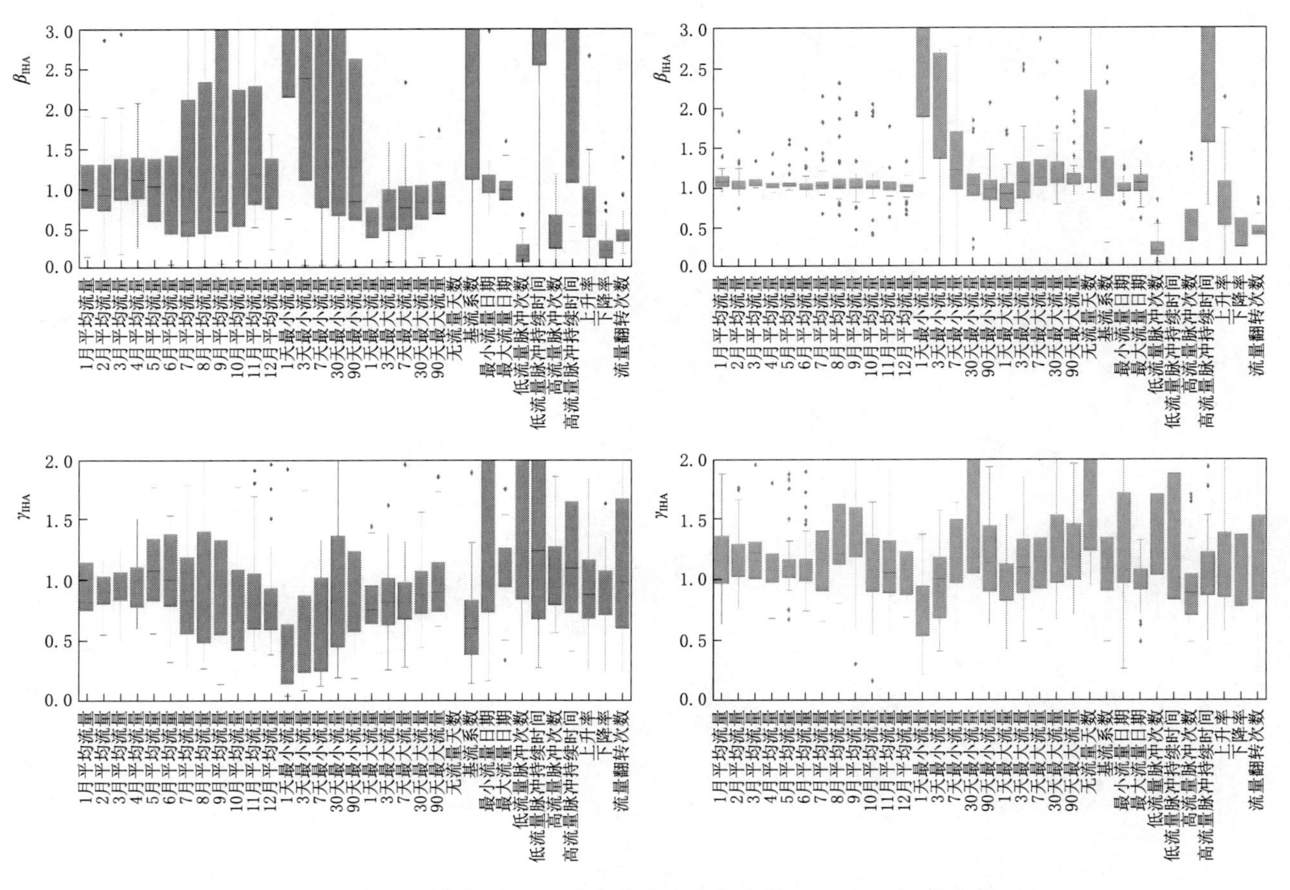

图 4-8（二） 径流再分析对于 35 个水库的入库径流关于 33 个 IHA 指标的 *KGE*、相关系数、偏差率和变异率的箱形图

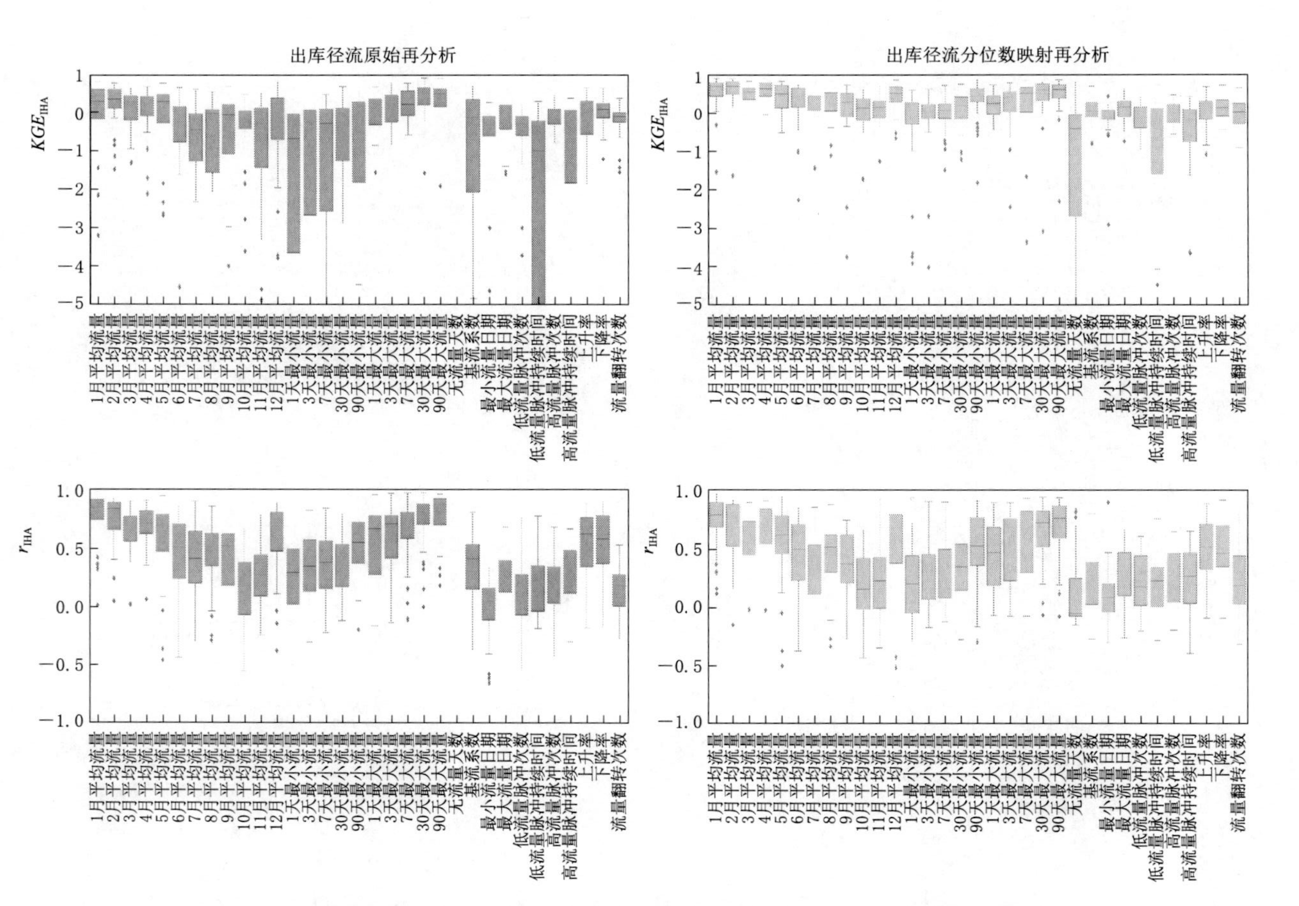

图 4-9（一） 径流再分析对于 35 个水库的出库径流关于 33 个 IHA 指标的 KGE、相关系数、偏差率和变异率的箱形图

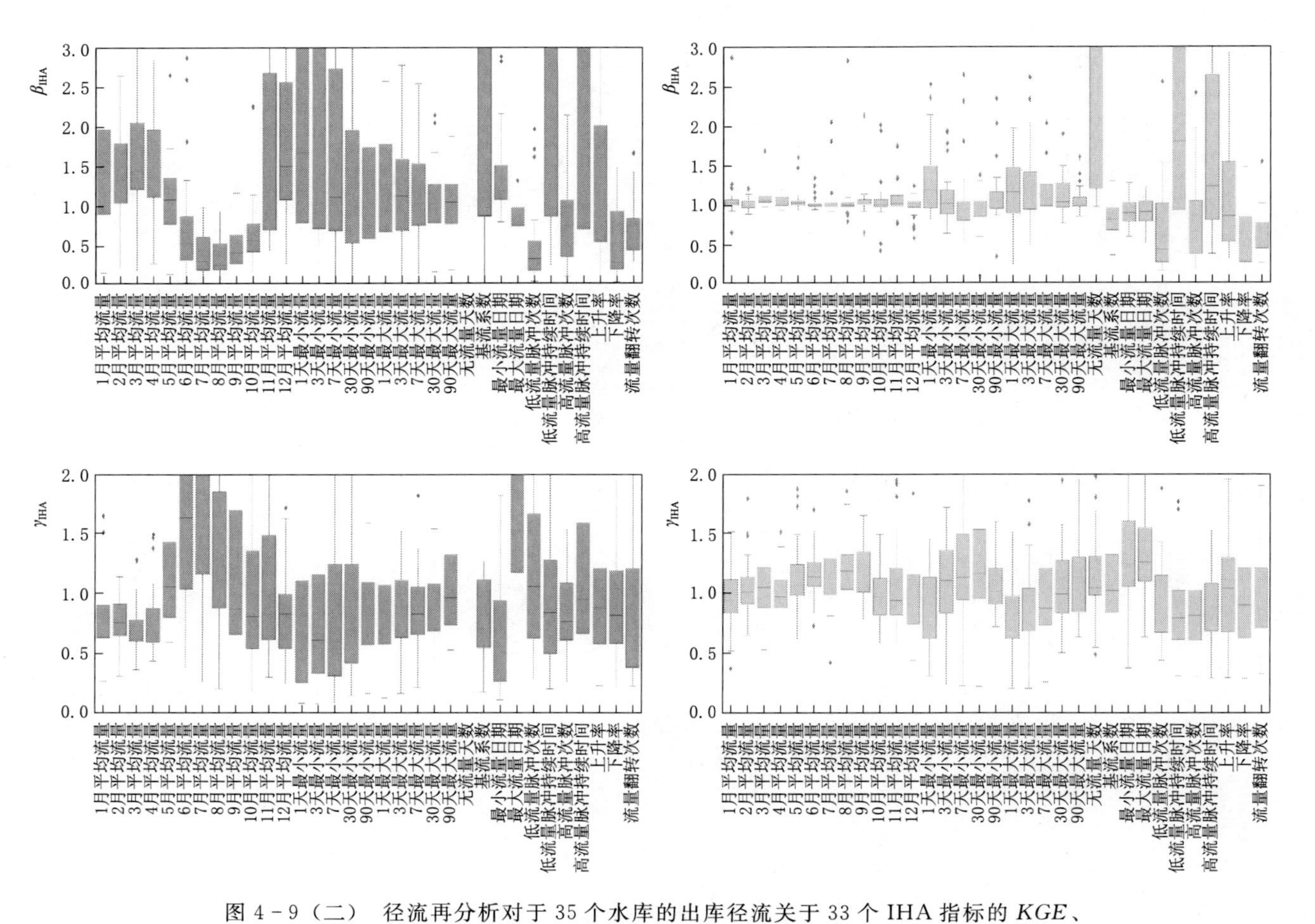

图 4-9（二） 径流再分析对于 35 个水库的出库径流关于 33 个 IHA 指标的 *KGE*、相关系数、偏差率和变异率的箱形图

4.4 本章小结

全球水文模型的最新进展促进了使用气象再分析来生成全球原始径流再分析。与之前评估模拟径流效果的研究类似，如 Chen 等（2021）使用第 5 个、25 个、50 个、75 个和 90 个百分位流量评估 10 个水文模型和陆面模式的模拟效果，本章基于 GloFAS - ERA5 径流再分析，使用分位数映射法面向加利福尼亚州 35 个水库的出入库径流对原始再分析进行误差订正，在此基础上，提出一种新的视角，即评估径流再分析的径流情势模拟效果。具体而言，IHA 指标由原始再分析计算得出，同时与入库径流（出库径流）的 IHA 指标进行比较。主要结论如下：

（1）原始再分析模拟入库径流时间序列的效果优于出库径流，并存在着明显的季节性，即汛期的模拟效果优于非汛期的模拟效果。原始再分析与出入库径流时间序列之间存在着较大的相关性，这表明原始再分析模拟出入库径流时间序列具有一定的潜力；但同时也存在着较大的均值和变异性偏差，导致 *KGE* 降低，这阻碍了原始再分析的直接应用。

（2）35 个水库的 *KGE* 表明，原始再分析对入库径流情势的模拟优于出库径流情势，这一结果证实之前在日、月、年甚至多年时间尺度上由水库调度运行引起的径流情势变化的发现。径流再分析对高流量径流情势的模拟效果优于对低流量径流情势的模拟效果，这与 Chen 等（2021）使用 5 个百分位流量的评估结果类似，均为高流量的模拟效果通常优于低流量的模拟效果。此外，原始再分析在模拟出库径流情势方面的局限性意味着难以解释全球范围内水库的影响。

（3）*KGE* 的 3 个组成部分强调原始再分析的均值和变异系数存在很大偏差，使用分位数映射法能够有效地进行误差订正；同时，发现分位数-分位数关系不仅可以订正均值的偏差，还可以订正变异系数的偏差；分位数映射法在订正出库径流方面的有效性说明分位数映射法对于订正水库调度影响下的流量是有效的。

（4）分位数映射再分析能够模拟入库径流情势和出库径流情势，并且大多数 IHA 指标都实现了 *KGE* 的实质性改进。整体结果表明，局部流量可以与全球再分析相结合，以促进更有效的径流情势分析。

第5章　全球尺度径流情势模拟效果分析

5.1　再分析数据误差订正方法

与出入库径流的原始再分析提取类似，原始再分析网格单元的位置与水文站点位置相匹配，便于对径流再分析的有效性进行评估。为了更准确地识别目标水文站点所在网格单元，首先，根据水文站点的纬度 y 和经度 x 定位所在初始网格单元；其次，计算初始网格单元及其周围8个网格单元的原始再分析与观测径流之间的 KGE（Gupta et al.，2009；Kling et al.，2012；Harrigan et al.，2020）；最后，将 KGE 最大的网格单元作为目标网格单元（Chen et al.，2021）。因此，目标水文站的原始再分析、观测径流分别从数据集 D［式（2-1）］和数据集 G［式（2-4）］根据目标水文站的纬度 y 和经度 x 提取：

$$\begin{cases} D_{y',x'}=[d_t] \\ G_{y,x}=[g_t] \end{cases} \tag{5-1}$$

式中：$D_{y',x'}$ 和 $G_{y,x}$ 分别代表原始再分析、观测径流的集合。值得注意的是，下标 y' 和 x' 代表目标网格单元的中心纬度和中心经度。

类似于出入库径流，使用分位数映射法在留一交叉验证法的框架下面向水文站观测径流对日尺度的原始再分析进行误差订正，从而得到径流分位数映射再分析，类似于式（4-2），可表述为

$$\tilde{g}_t=F_g^{-1}[F_d(d_t)] \tag{5-2}$$

式中：d_t 为原始再分析的单个值；$F_d()$ 为原始再分析的ECDF；$F_g^{-1}()$ 为观测径流的ECDF的逆函数；$\tilde{g}_t$ 为径流分位数映射再分析的单个值。观测径流和

原始再分析的 ECDF 由一年中的第几天为中心的相同 31 天滑动窗口期中获取样本计算得到（Tang et al.，2021a；Tang et al.，2021b）。

为了研究径流再分析在模拟珠江流域径流序列和全球径流情势方面的有效性，原始再分析（径流分位数映射再分析）和观测径流的 IHA 指标分别由原始再分析（径流分位数映射再分析）和观测径流的时间序列计算得出。一方面，根据式（4－5）计算再分析与观测径流的 *KGE* 用于评价时间序列的模拟效果；另一方面，根据式（4－6）计算再分析和观测径流之间的 IHA 指标的 *KGE*，以评估再分析在模拟全球径流情势方面的有效性。

5.2 珠江流域控制站测试分析

以珠江流域西江控制站高要水文站、北江控制站石角水文站和东江控制站博罗水文站为例，对径流再分析模拟径流时间序列的效果进行测试分析，同时，挑选相应的典型年进行展示，以 2006 年代表丰水年，1995 年代表平水年，1989 年代表枯水年，再分析对高要水文站、石角水文站和博罗水文站径流序列的模拟效果分别如图 5－1～图 5－3 所示。高要站的汇流面积大约为 350000km^2，石角站的汇流面积大约为 38000km^2，博罗站的汇流面积大约为 25000km^2，整体上，由于汇流面积的差异，高要站的流量呈现峰高量大的现象，而石角站和博罗站呈现陡涨陡落的现象。从图 5－1～图 5－3 可知，原始再分析能够捕捉到高要站、石角站和博罗站径流序列的主要特征，如基流和一些高流量等；从 *KGE* 的 3 个成分来看，高要站、石角站和博罗站的相关系数均较高，均在 0.7 以上；高要站和博罗站的偏差率和变异率偏离 1，而石角站的偏差率和变异率趋于 1。经过分位数映射法订正后，高要站和博罗站的分位数映射再分析的 *KGE* 显著提高，这是由于偏差被明显订正；而石角站的分位数映射再分析的 *KGE* 略微减小，这是由于原始再分析的偏差已经很小，经过分位数映射法订正后，降低了相关系数。这可能是由于在交叉验证过程中，过度复杂的模型可能出现过拟合现象，导致整体效果变差（Michaelsen，1987）。

另一方面，在丰水年时，分位数映射再分析在高要站、石角站和博罗站的 *KGE* 分别为 0.75、0.58 和 0.71；在平水年时，分位数映射再分析在高要站、石角站和博罗站的 *KGE* 分别为 0.84、0.71 和 0.74；在枯水年时，分位数映射再分析在高要站、石角站和博罗站的 *KGE* 分别为 0.85、0.82 和 0.76，这表明模拟效果从丰水年到枯水年有提高的趋势。整体而言，再分析能够较好地模拟珠江流域 3 个控制站的径流序列。

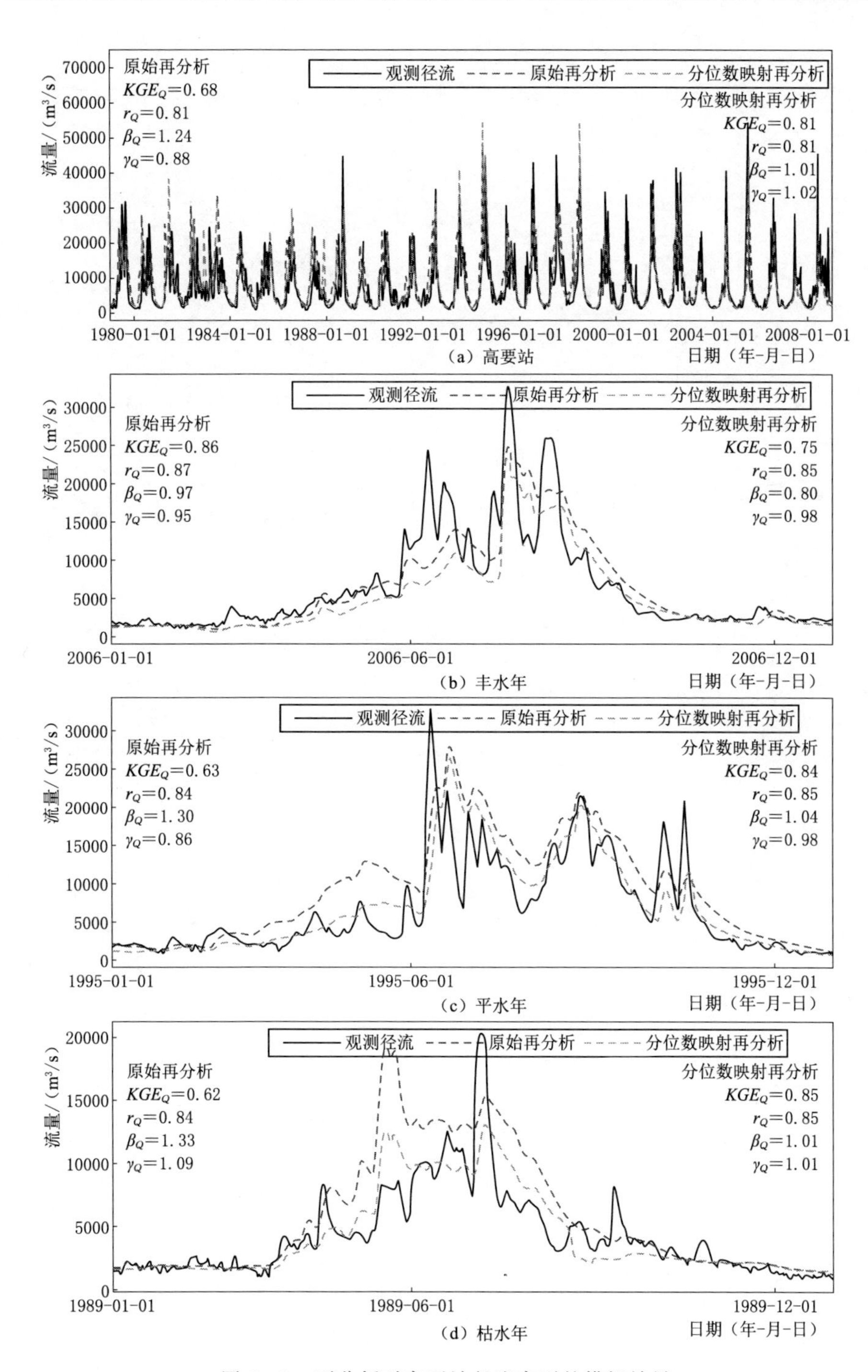

图 5-1　再分析对高要站径流序列的模拟效果

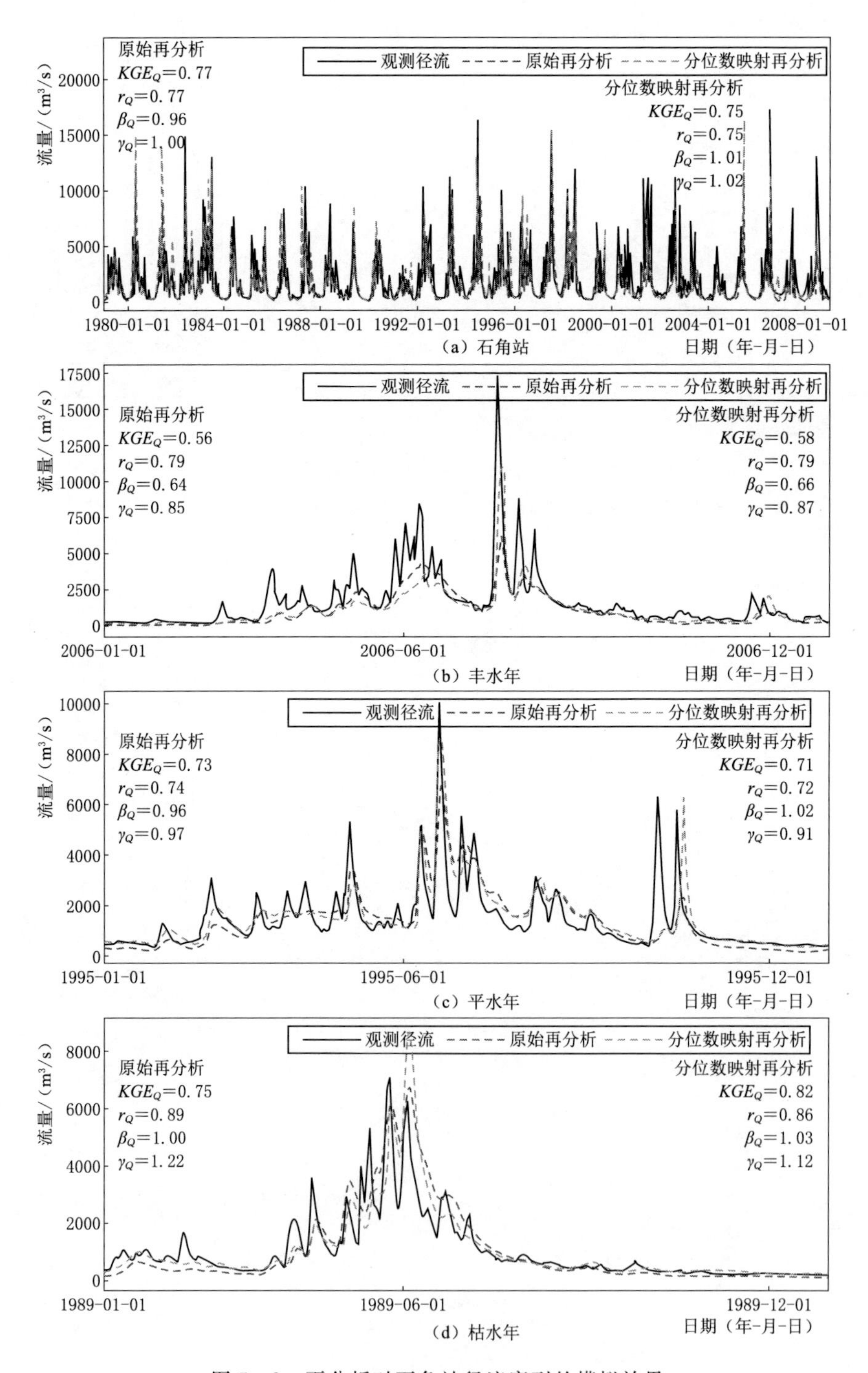

图5-2 再分析对石角站径流序列的模拟效果

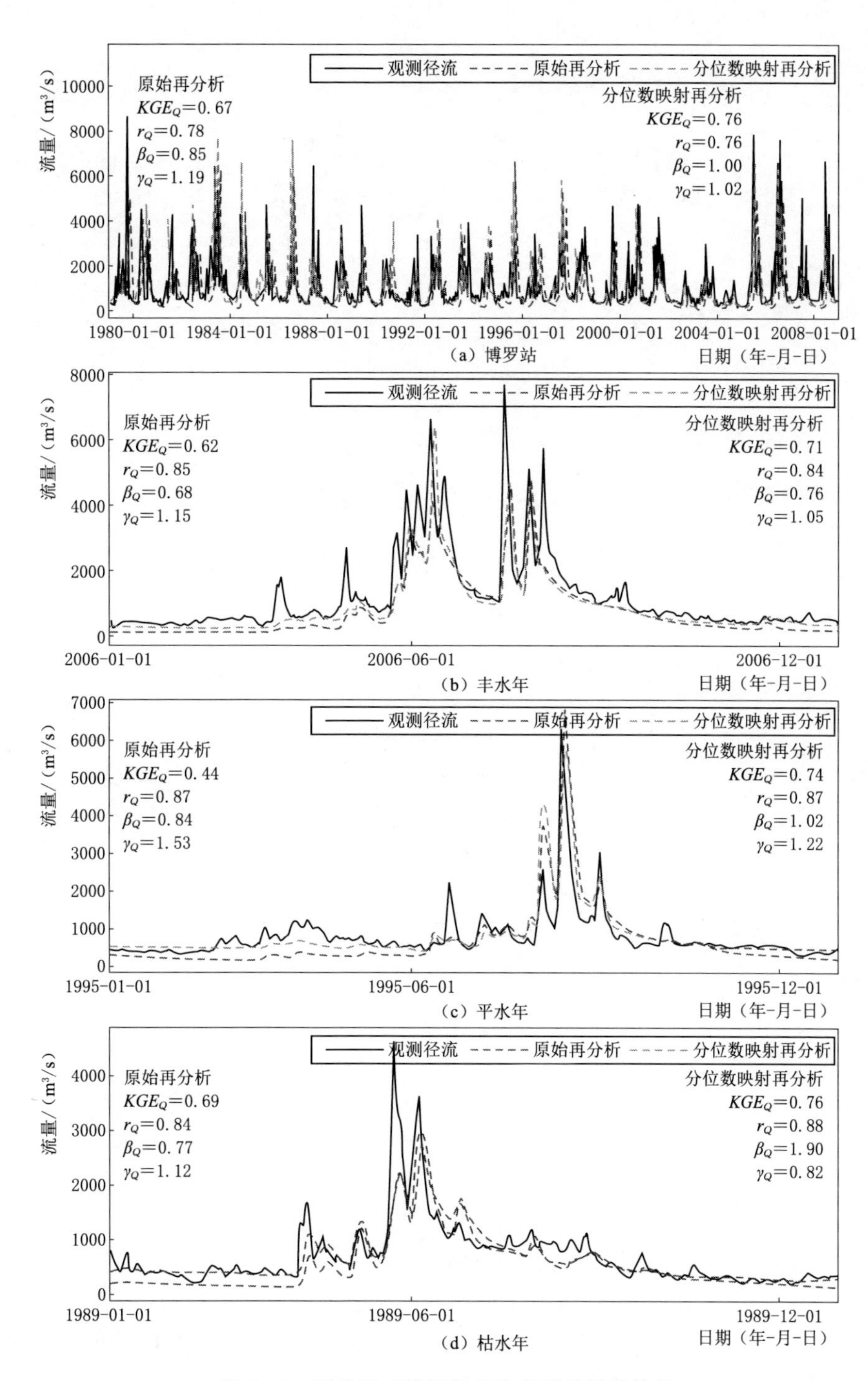

图 5-3　再分析对博罗站径流序列的模拟效果

5.3 全球径流情势评估分析

图5-4为径流再分析对全球主要水文站径流序列的模拟效果，图中的Median表示中位数，IQR为四分位距，即25%分位数和75%分位数，左侧为原始再分析，右侧为径流分位数映射再分析。从图5-4左侧可知，原始再分析对观测径流序列的模拟效果因地区而异，一方面，原始再分析在美国西部、南美洲中部、欧洲中部和日本等区域具有较好的模拟效果；另一方面，原始再分析在美国中部、巴西东部和非洲南部等区域具有较大的均值偏差和变异性偏差，影响径流模拟效果。从图5-4右侧可知，径流分位数映射再分析在全球主要水文站点通常具有正的*KGE*，这是因为偏差率和变异率趋于最优值1，均值偏差和变异性偏差较小。同时，径流分位数映射再分析中的*KGE*基本上由相关系数决定，也就是说，相关系数较大的区域，*KGE*也就较大。对比原始再分析与径流分位数映射再分析的模拟效果可发现，分位数映射法对于全球主要水文站的径流误差订正具有鲁棒性，不仅对出入库径流有效，对全球主要水文站的径流也有效。

径流再分析对全球主要水文站径流情势模拟效果如图5-5所示，左侧为原始再分析，右侧为径流分位数映射再分析，箱内的线表示数据的中值，箱的下界和上界分别代表Q1和Q3分位数，上、下须线分别代表Q1－1.5IQR到Q3＋1.5IQR范围内数据的最小值和最大值，菱形代表超出上、下须线的异常值。从图中左侧可以发现，12个月平均流量的模拟效果较为接近，与出入库径流的情况不一致，这是由于全球各区域的水文年不同，即汛期与非汛期的时间有差异；同时，由于原始再分析中不存在无流量天数，因此无流量天数的*KGE*无法计算；高流量径流情势的模拟效果通常要优于低流量径流情势的模拟效果，如最大流量模拟效果优于最小流量，高流量脉冲持续时间模拟效果优于低流量脉冲持续时间。从图5-5的右侧可知，在应用分位数映射法订正原始再分析的误差之后，IHA指标的模拟效果显著提高，特别是月平均流量，大部分水文站的均值偏差减小。整体而言，径流分位数映射再分析能够有效地模拟全球主要水文站点的径流情势。

对全球主要水文站的流域面积进行分类，根据流域面积大小分为7个类别，绘制径流再分析对全球主要水文站不同流域面积类别的径流情势模拟效果如图5-6所示。整体上，随着流域面积的增大，原始再分析与径流分位数映射再分析的IHA指标的*KGE*也在缓慢增大，特别是流域面积大于500000km^2的情况，当流域面积大于500000km^2时，IHA指标的模拟效果整体上优于其余流域面积的模拟效果。

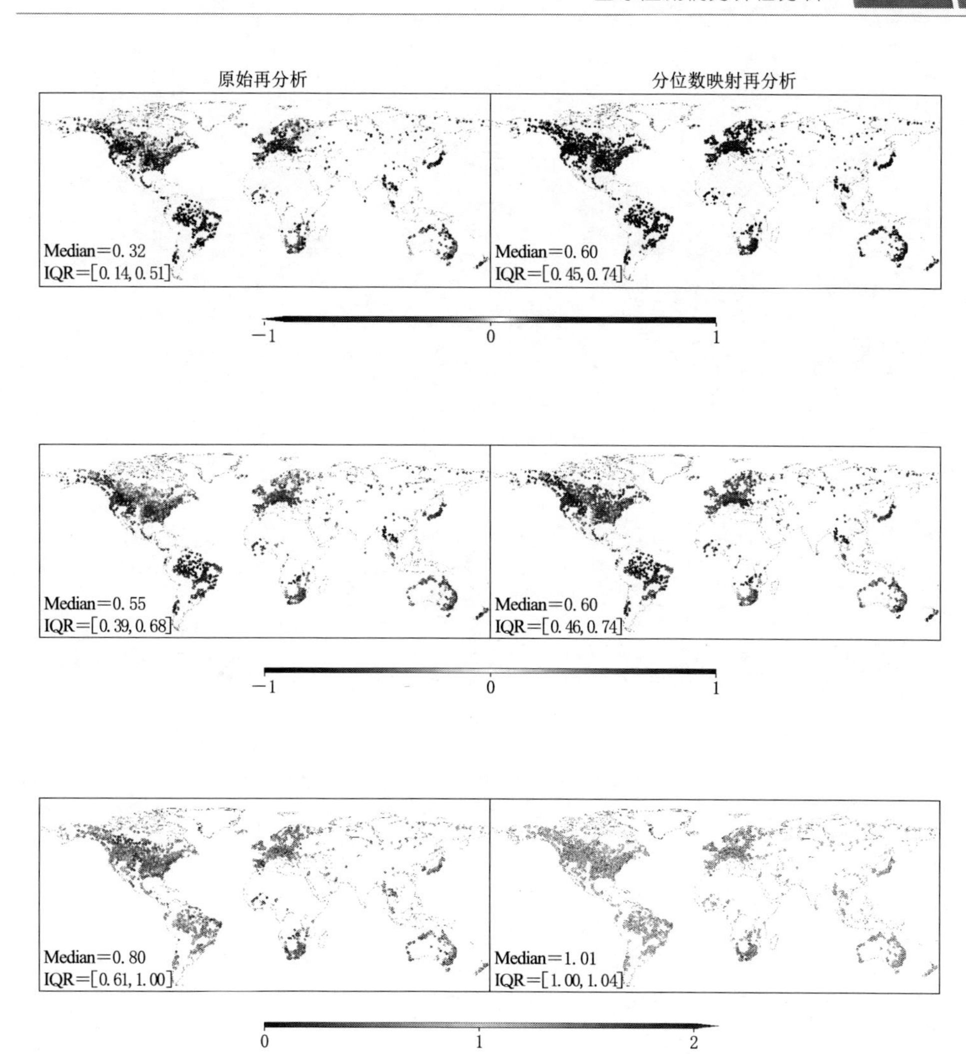

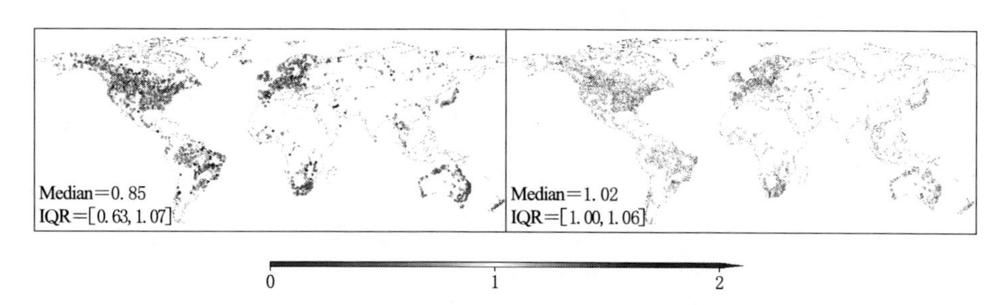

图 5-4 径流再分析对全球主要水文站径流序列的模拟效果

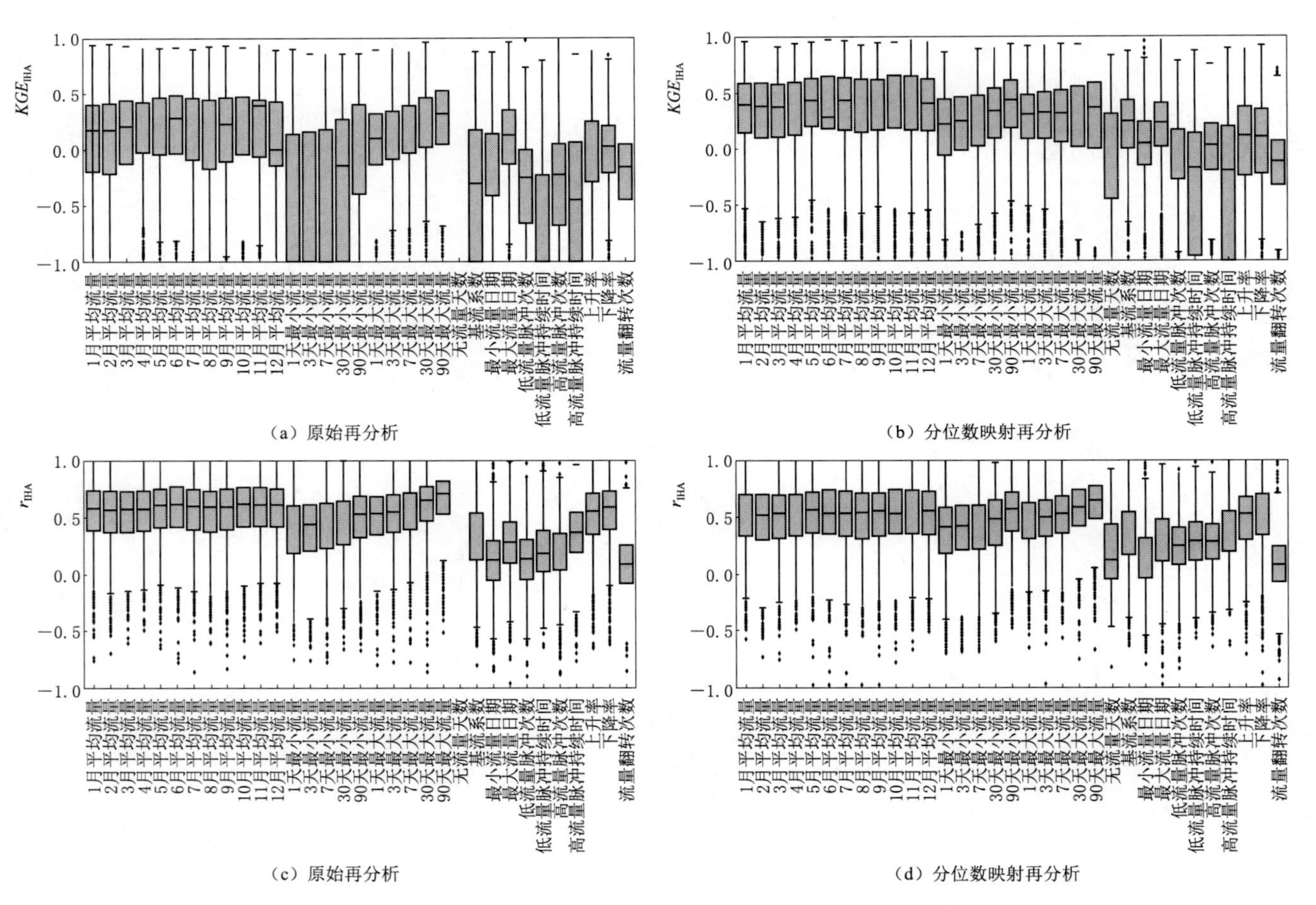

（a）原始再分析

（b）分位数映射再分析

（c）原始再分析

（d）分位数映射再分析

图 5-5（一）　径流再分析对全球主要水文站径流情势模拟效果

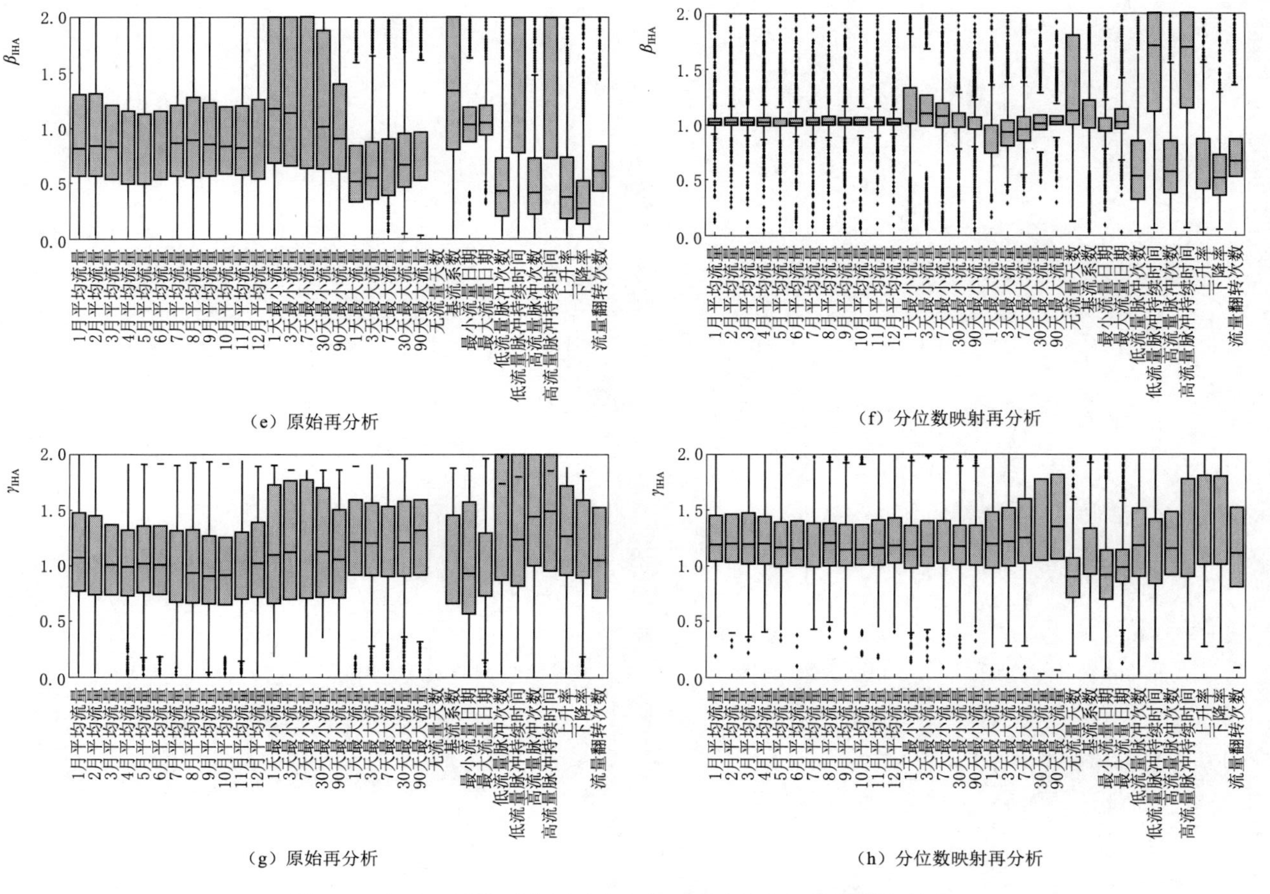

（e）原始再分析

（f）分位数映射再分析

（g）原始再分析

（h）分位数映射再分析

图 5-5（二） 径流再分析对全球主要水文站径流情势模拟效果

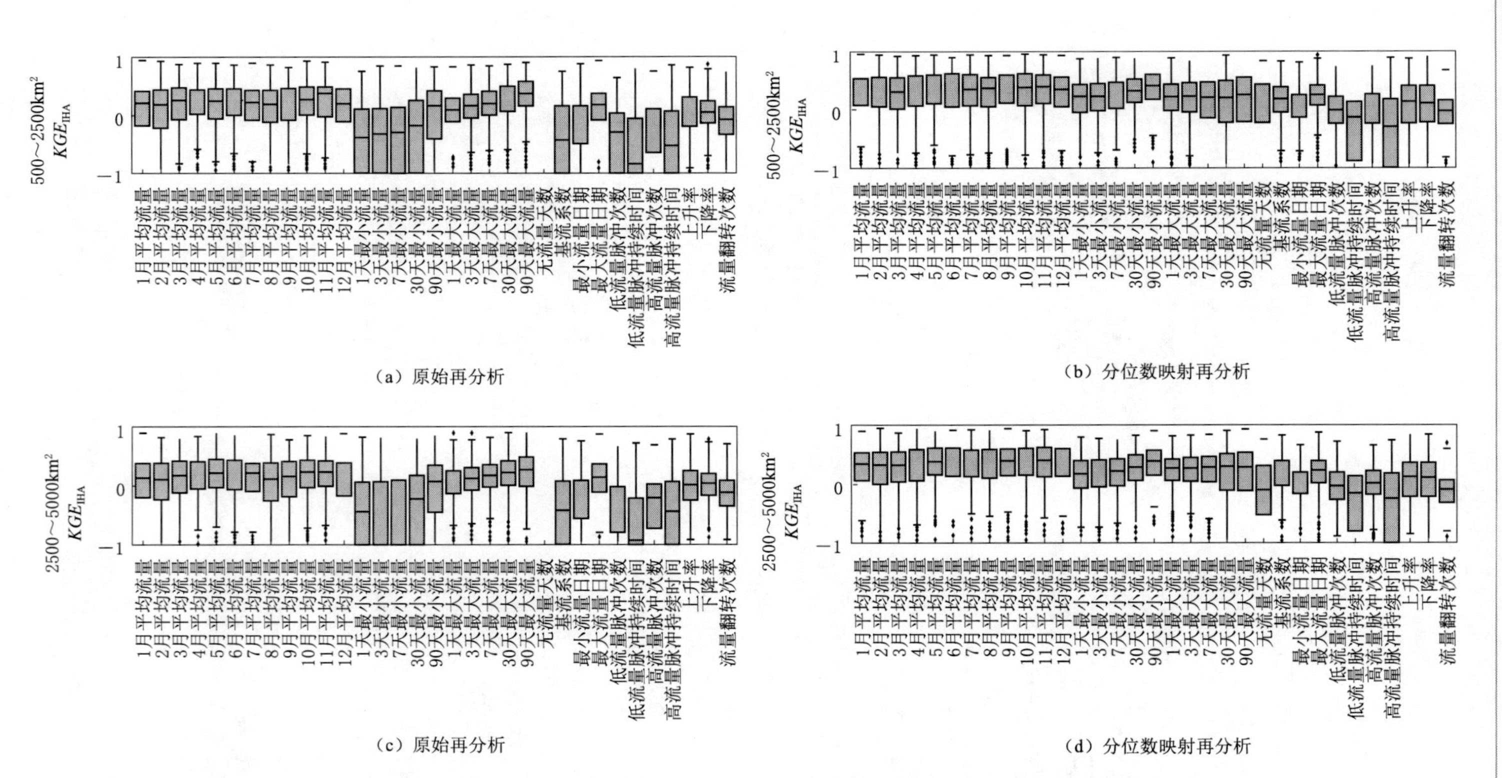

（a）原始再分析

（b）分位数映射再分析

（c）原始再分析

（d）分位数映射再分析

图 5-6（一）　径流再分析对全球主要水文站不同流域面积类别的径流情势模拟效果

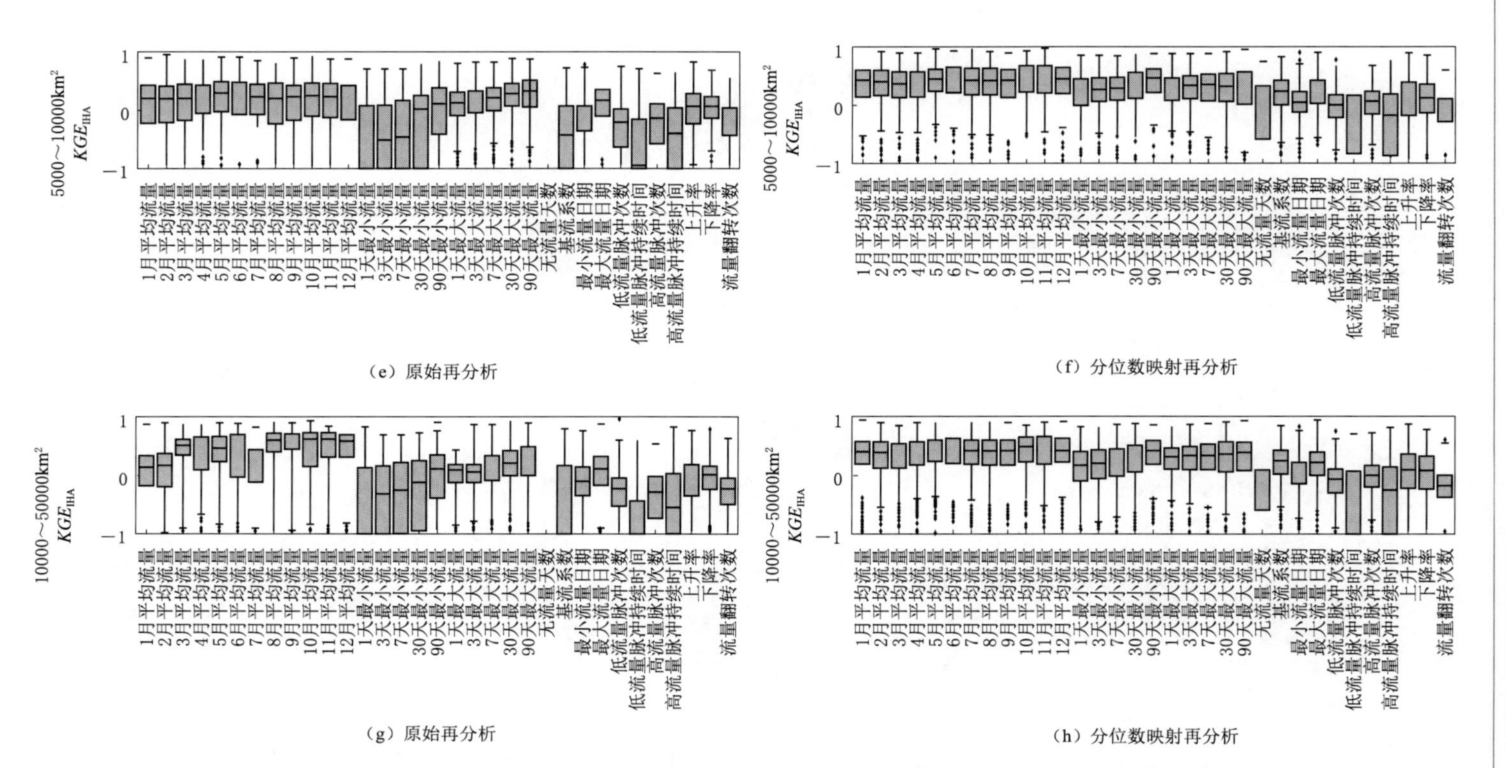

（e）原始再分析

（f）分位数映射再分析

（g）原始再分析

（h）分位数映射再分析

图 5－6（二） 径流再分析对全球主要水文站不同流域面积类别的径流情势模拟效果

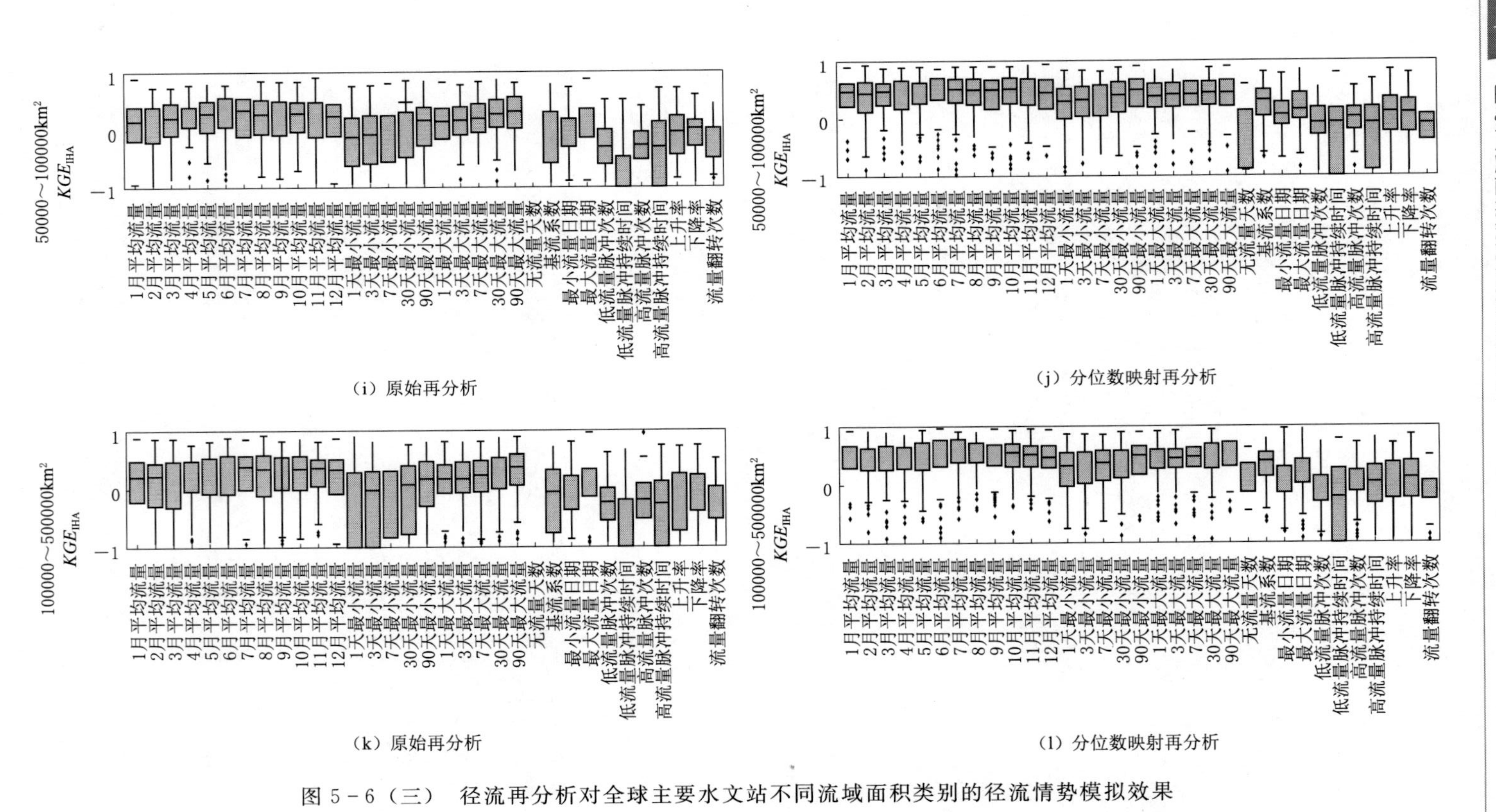

(i) 原始再分析

(j) 分位数映射再分析

(k) 原始再分析

(l) 分位数映射再分析

图 5-6（三） 径流再分析对全球主要水文站不同流域面积类别的径流情势模拟效果

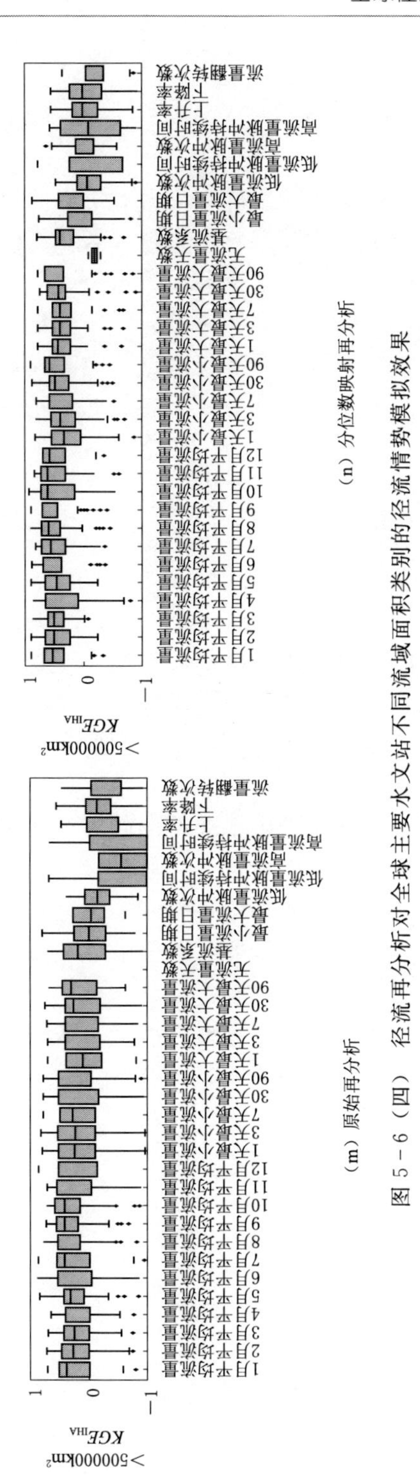

（m）原始再分析

（n）分位数映射再分析

图 5-6（四） 径流再分析对全球主要水文站不同流域面积类别的径流情势模拟效果

5.4 本章小结

大样本水文利用涉及大量流域的数据集得出关于水文过程和模型的可靠结论。大样本水文数据集有助于完善我们对水文过程和水文模型的理解，因为它们使我们能够在各种环境中严格测试水文假设和模型。本章利用全球径流数据库中的全球主要水文站的径流数据，对径流再分析在模拟径流情势方面的有效性进行评估。具体而言，面向全球主要水文站点的观测径流，使用分位数映射法在留一交叉验证法的框架下对 GloFAS－ERA5 径流再分析进行误差订正，得到径流分位数映射再分析，以 IHA 指标表征径流情势，以无量纲指标 *KGE* 作为评价指标，评估径流情势的模拟效果，主要结论如下：

（1）径流再分析对珠江流域西江、北江和东江 3 个控制水文站的径流具有较好的模拟效果，能够反映径流的主要特征；再分析对径流序列的模拟效果从丰水年到枯水年有提高的趋势。

（2）分位数映射法在订正原始再分析中的均值偏差和变异性偏差具有鲁棒性，能够有效地面向全球主要水文站点的观测进行误差订正，分位数映射法订正了美国中部、巴西东部和非洲南部的均值偏差和变异性偏差，能够有效地提高 *KGE*。

（3）分位数映射再分析对全球主要水文站点的径流情势具有较好的模拟效果，对大部分站点来说，能够有效地模拟月平均流量；同时，高流量径流情势的模拟效果通常要优于低流量径流情势的模拟效果。

（4）随着流域面积的增大，分位数映射再分析对径流情势的模拟效果有提高的趋势，当流域面积大于 500000km^2 时，IHA 指标的模拟效果整体上优于其余流域面积的模拟效果，整体而言，径流再分析对全球径流情势模拟具有较大的潜在价值，能够促进全球径流情势分析。

第6章 结论与展望

6.1 主要结论

全球径流再分析资料具有序列长、范围广、时空连续等优点，可为水文模拟和水资源管理等提供数据支撑。本书围绕 GloFAS - ERA5 径流再分析资料在模拟径流情势方面的有效性，以加州数据交换中心的观测出入库径流和全球径流数据中心的观测径流为基础，使用 IHA 指标用于表征局地径流情势。一方面，针对出入库径流的径流情势模拟效果进行评估；另一方面，针对全球主要水文站点的径流情势模拟效果进行评估，分析全球径流再分析资料用于模拟局地径流情势的有效性，主要研究内容与结论如下：

(1) 以 Python 语言平台为基础，编写出入库径流情势变化分析工具 PairwiseIHA。具体而言，计算 IHA 指标用于表征入库径流与出库径流的径流情势，集对计算入库径流与出库径流的 IHA 指标，使用 RVA 法量化入库径流与出库径流的径流情势的差异，根据标准化径流指数划分 3 种不同情况的来水年，同时，以加利福尼亚州的奥罗维尔湖和我国东江流域的新丰江水库为例，分析水库调度运行对径流情势的影响。结果表明，奥罗维尔湖和新丰江水库的径流情势受水库调度运行的影响，入库径流情势与出库径流情势具有很大的差异。出库径流情势的大小、持续时间、发生时间、频率和变化率特征与入库径流情势相比呈现不同程度的变化，在丰水年、平水年和枯水年不同情况下，出库径流情势相对入库径流情势变化的程度不同。

(2) 面向加利福尼亚州 35 个主要水库的出入库径流，使用分位数映射法在留一交叉验证法的框架下对 GloFAS - ERA5 径流再分析进行误差订正，得到入库径流和出库径流分位数映射再分析，以 *KGE* 作为评价指标，分别针对原始再分析和分位数映射再分析对出入库径流序列的模拟效果进行评估。结果表明，原始再分析对入库径流的模拟效果优于出库径流，且存在着较大的均值偏差和变异性偏差，干扰原始再分析对出入库径流的模拟效果；分位数映射再分析对出入库径流的模拟效果优于原始再分析，这是因为分位数映射法能够有效地订正均值偏差和变异性偏差，从而提高出入库径流的模拟效果；同时，出库径流分位数映射再分析的模拟效果优于原始再分析意味着分位数映射法在订正水库调度运行影响下的径流序列是有效的。针对原始再分析以及出入库径流分位数映射再分析，使用PairwiseIHA工具包，分别面向出入库径流计算IHA指标用于表征出入库径流情势，根据加利福尼亚州35个水库的出入库径流设计3个实验用于分析径流再分析在模拟出入库径流情势方面的有效性，实验一与实验二面向加利福尼亚州最大的水库沙斯塔湖，实验三将实验一与实验二拓展应用到35个水库。结果表明，原始再分析在模拟出入库径流情势方面具有一定的潜力，但受到均值偏差和变异性偏差的影响；分位数映射再分析在模拟出入库径流情势方面的有效性显著提高，对高流量径流情势的模拟效果优于对低流量径流情势的模拟效果。

（3）面向珠江流域3个控制站以及全球主要水文站点的观测径流，使用分位数映射法在留一交叉验证法的框架下对GloFAS－ERA5径流再分析进行误差订正，得到径流分位数映射再分析，类似地，以IHA指标表征径流情势，以*KGE*作为评价指标评估径流再分析对于模拟全球径流情势方面的有效性。结果表明，径流再分析对珠江流域西江、北江和东江3个控制水文站的径流具有较好的模拟效果，能够反映径流的主要特征；分位数映射法在订正原始再分析中的均值偏差和变异性偏差具有鲁棒性，分位数映射再分析对全球主要水文站点的径流情势具有较好的模拟效果；另一方面，随着流域面积的增大，分位数映射再分析对径流情势的模拟效果有提高的趋势。整体而言，径流再分析对全球径流情势模拟具有较大的潜在价值，能够促进全球径流情势分析。

6.2 不足与展望

本书围绕全球径流再分析资料在模拟局地径流情势方面的有效性展开研究，分别以加利福尼亚州的观测出入库径流和全球主要水文站的观测径流为基准，评估全球径流再分析对径流情势的模拟效果，但受研究资料等多方面的限制，仍存在着一定的不足，主要有以下几点：

（1）本书主要应用大气科学领域中常用的分位数映射法对原始再分析进行误差订正，此外，大气领域中还存在着多种误差订正模型，如改进的分位数映射法等，可进一步使用多种误差订正模型，探究误差订正效果。

(2) 本书在分析奥罗维尔湖和我国东江流域新丰江水库的出入库径流情势差异的原因时，由于具体的水库调度规则的难以获取，因此主要结合水库调度的目标进行分析，在能够获取到水库调度规则的前提下，可进一步对出入库径流情势差异原因进行深入分析。

(3) 本书在分析全球再分析资料对局地径流情势的模拟的有效性时，由于数据的限制，仅选用加利福尼亚州的主要水库作为案例研究，不同地区的径流情势也不同，因此，在未来可进一步将研究区域扩大，探究各区域的出入库径流情势模拟效果。

(4) 本书在径流情势模拟效果检验中，选取了国内外常用的无量纲指标 KGE，但仍有许多其他检验指标，因此，未来可进一步结合其他检验指标，对径流情势模拟效果评估开展更深入的研究。

参　考　文　献

[1] Addor N, Do H X, Alvarez - Garreton C, et al. Large - sample hydrology: recent progress, guidelines for new datasets and grand challenges [J]. Hydrological Sciences Journal, 2020, 65 (5): 712 - 725.

[2] Alcamo J, Döll P, Kaspar F, et al. Global change and global scenarios of water use and availability: An Application of WaterGAP1. 0 [R]. Center for Environmental Systems Research, University fo kassel, Germany, 1997: 17 - 20.

[3] Alfieri L, Burek P, Dutra E, et al. GloFAS - global ensemble streamflow forecasting and flood early warning [J]. Hydrol Earth Syst Sci, 2013, 17 (3): 1161 - 1175.

[4] Alfieri L, Lorini V, Hirpa F A, et al. A global streamflow reanalysis for 1980—2018 [J]. Journal of Hydrology X, 2020, 6: 100049.

[5] Anghileri D, Voisin N, Castelletti A, et al. Value of long - term streamflow forecasts to reservoir operations for water supply in snow - dominated river catchments [J]. Water Resources Research, 2016, 52 (6): 4209 - 4225.

[6] Avanzi F, Maurer T, Glaser S D, et al. Information content of spatially distributed ground - based measurements for hydrologic - parameter calibration in mixed rain - snow mountain headwaters [J]. Journal of Hydrology, 2020, 582: 124478.

[7] Beck H E, Van Dijk A I J M, De Roo A, et al. Global evaluation of runoff from 10 state - of - the - art hydrological models [J]. Hydrol Earth Syst Sci, 2017a, 21 (6): 2881 - 2903.

[8] Beck H E, Vergopolan N, Pan M, et al. Global - scale evaluation of 22 precipitation datasets using gauge observations and hydrological modeling [J]. Hydrol Earth Syst Sci, 2017b, 21 (12): 6201 - 6217.

[9] Bengtsson L, Hagemann S, Hodges K I. Can climate trends be calculated from reanalysis data? [J]. Journal of Geophysical Research: Atmospheres, 2004, 109 (D11).

[10] Bruder A, Tonolla D, Schweizer S P, et al. A conceptual framework for hydropeaking mitigation [J]. Science of The Total Environment, 2016, 568: 1204 - 1212.

[11] Chalise D R, Sankarasubramanian A, Ruhi A. Dams and climate interact to alter river flow regimes across the United States [J]. Earth's Future, 2021, 9 (4): e2020EF001816.

[12] Chen H, Liu J, Mao G, et al. Intercomparison of ten ISI - MIP models in simulating discharges along the Lancang - Mekong River basin [J]. Science of The Total Environment, 2021, 765: 144494.

[13] Chen W, Olden J D. Designing flows to resolve human and environmental water needs in a dam - regulated river [J]. Nature Communications, 2017, 8 (1): 2158.

[14] Chen Z, Zhao T, Tu T, et al. PairwiseIHA: A python toolkit to detect flow regime alterations for headwater rivers [J]. Environmental Modelling & Software, 2022, 154: 105427.

[15] Compo G P, Whitaker J S, Sardeshmukh P D, et al. The twentieth century reanalysis project [J]. Quarterly Journal of the Royal Meteorological Society, 2011, 137 (654): 1 - 28.

[16] Cui T, Tian F, Yang T, et al. Development of a comprehensive framework for assessing the impacts of climate change and dam construction on flow regimes [J]. Journal of Hydrology, 2020, 590: 125358.

[17] Dosdogru F, Kalin L, Wang R, et al. Potential impacts of land use/cover and climate changes on ecologically relevant flows [J]. Journal of Hydrology, 2020, 584: 124654.

[18] Fisher F W. Past and present status of central valley chinook salmon [J]. Conservation Biology, 1994, 8 (3): 870 - 873.

[19] Freeman M C, Pringle C M, Jackson C R. Hydrologic connectivity and the contribution of stream headwaters to ecological integrity at regional scales1 [J]. JAWRA Journal of the American Water Resources Association, 2007, 43 (1): 5 - 14.

[20] Gao B, Yang D, Zhao T, et al. Changes in the eco - flow metrics of the Upper Yangtze River from 1961 to 2008 [J]. Journal of Hydrology, 2012, 448 - 449: 30 - 38.

[21] Georgakakos A P, Yao H, Kistenmacher M, et al. Value of adaptive water resources management in Northern California under climatic variability and change: Reservoir management [J]. Journal of Hydrology, 2012, 412 - 413: 34 - 46.

[22] Gianpaolo B, Viterbo P, Anton B, et al. A revised hydrology for the ECMWF model: Verification from field site to terrestrial water storage and impact in the Integrated Forecast System [Z]. ECMWF. 2008

[23] Gierszewski P J, Habel M, Szmańda J, et al. Evaluating effects of dam operation on flow regimes and riverbed adaptation to those changes [J]. Science of The Total Environment, 2020, 710: 136202.

[24] Grill G, Lehner B, Thieme M, et al. Mapping the world's free - flowing rivers [J]. Nature, 2019, 569 (7755): 215 - 221.

[25] Gupta H V, Kling H, Yilmaz K K, et al. Decomposition of the mean squared error and NSE performance criteria: Implications for improving hydrological modelling [J]. Journal of Hydrology, 2009, 377 (1): 80 - 91.

[26] Hanasaki N, Kanae S, Oki T, et al. An integrated model for the assessment of global water resources - Part 1: Model description and input meteorological forcing [J].

Hydrol Earth Syst Sci, 2008, 12 (4): 1007 - 1025.

[27] Harrigan S, Zsoter E, Alfieri L, et al. GloFAS - ERA5 operational global river discharge reanalysis 1979 - present [J]. Earth Syst Sci Data, 2020, 12 (3): 2043 - 2060.

[28] Hashino T, Bradley A A, Schwartz S S. Evaluation of bias - correction methods for ensemble streamflow volume forecasts [J]. Hydrol Earth Syst Sci, 2007, 11 (2): 939 - 950.

[29] He W, Ma C, Zhang J, et al. Multi - objective optimal operation of a large deep reservoir during storage period considering the outflow - temperature demand based on NSGA - II [J]. Journal of Hydrology, 2020, 586: 124919.

[30] Hirpa F A, Salamon P, Beck H E, et al. Calibration of the Global Flood Awareness System (GloFAS) using daily streamflow data [J]. Journal of Hydrology, 2018, 566: 595 - 606.

[31] Horne A, Kaur S, Szemis J, et al. Using optimization to develop a "designer" environmental flow regime [J]. Environmental Modelling & Software, 2017, 88: 188 - 199.

[32] Huang Z, Zhao T, Zhang Y, et al. A five - parameter Gamma - Gaussian model to calibrate monthly and seasonal GCM precipitation forecasts [J]. Journal of Hydrology, 2021, 603: 126893.

[33] Ibarra D E, David C P C, Tolentino P L M. Technical note: Evaluation and bias correction of an observation - based global runoff dataset using streamflow observations from small tropical catchments in the Philippines [J]. Hydrol Earth Syst Sci, 2021, 25 (5): 2805 - 2820.

[34] Jager H I, Rose K A. Designing optimal flow patterns for fall chinook salmon in a central valley, California, river [J]. North American Journal of Fisheries Management, 2003, 23 (1): 1 - 21.

[35] Jiang Q, Li W, Fan Z, et al. Evaluation of the ERA5 reanalysis precipitation dataset over Chinese Mainland [J]. Journal of Hydrology, 2021, 595: 125660.

[36] Kang T - H, Kim Y - O, Hong I - P. Comparison of pre - and post - processors for ensemble streamflow prediction [J]. Atmospheric Science Letters, 2010, 11 (2): 153 - 159.

[37] Kiernan J D, Moyle P B, Crain P K. Restoring native fish assemblages to a regulated California stream using the natural flow regime concept [J]. Ecological Applications, 2012, 22 (5): 1472 - 1482.

[38] Kim K B, Kwon H H, Han D. Precipitation ensembles conforming to natural variations derived from a regional climate model using a new bias correction scheme [J]. Hydrol Earth Syst Sci, 2016, 20 (5): 2019 - 2034.

[39] Kling H, Fuchs M, Paulin M. Runoff conditions in the upper Danube basin under an ensemble of climate change scenarios [J]. Journal of Hydrology, 2012, 424 - 425: 264 - 277.

[40] Koczot K M, Jeton A. E., Mcgurk B., et al. Precipitation - runoff processes in the Feather River Basin, Northeastern California, and streamflow predictability, water years 1971 - 1997 [R]. Sacramento, California: USGS, 2004.

[41] Krinner G, Viovy N, De Noblet - Ducoudré N, et al. A dynamic global vegetation mod-

el for studies of the coupled atmosphere - biosphere system [J]. Global Biogeochemical Cycles, 2005, 19 (1).

[42] Li D, Long D, Zhao J, et al. Observed changes in flow regimes in the Mekong River basin [J]. Journal of Hydrology, 2017, 551: 217 - 232.

[43] Liu P, Cai X, Guo S. Deriving multiple near - optimal solutions to deterministic reservoir operation problems [J]. Water Resources Research, 2011, 47 (8).

[44] Lytle D A, Poff N L. Adaptation to natural flow regimes [J]. Trends in Ecology & Evolution, 2004, 19 (2): 94 - 100.

[45] Macnaughton C J, Mclaughlin F, Bourque G, et al. The effects of regional hydrologic alteration on fish community structure in regulated rivers [J]. River Research and Applications, 2017, 33 (2): 249 - 257.

[46] Magilligan F J, Nislow K H. Changes in hydrologic regime by dams [J]. Geomorphology, 2005, 71 (1): 61 - 78.

[47] Mathews R, Richter B D. Application of the indicators of hydrologic alteration software in environmental flow setting1 [J]. JAWRA Journal of the American Water Resources Association, 2007, 43 (6): 1400 - 1413.

[48] Mckee T B, Doesken N J, Kleist J. The relationship of drought frequency and duration to time scales [Z]. Proceedings of the 8th Conference on Applied Climatology. Anaheim, California, U. S. A. 1993: 179 - 184.

[49] Merritt D M, Scott M L, Leroy Poff N, et al. Theory, methods and tools for determining environmental flows for riparian vegetation: riparian vegetation - flow response guilds [J]. Freshwater Biology, 2010, 55 (1): 206 - 225.

[50] Merz J E, Setka J D. Evaluation of a spawning habitat enhancement site for chinook salmon in a regulated California river [J]. North American Journal of Fisheries Management, 2004, 24 (2): 397 - 407.

[51] Michaelsen J. Cross - validation in statistical climate forecast models [J]. Journal of Applied Meteorology and Climatology, 1987, 26 (11): 1589 - 1600.

[52] Muñoz - Sabater J, Dutra E, Agustí - Panareda A, et al. ERA5 - Land: a state - of - the - art global reanalysis dataset for land applications [J]. Earth Syst Sci Data, 2021, 13 (9): 4349 - 4383.

[53] Munoz S E, Giosan L, Therrell M D, et al. Climatic control of Mississippi River flood hazard amplified by river engineering [J]. Nature, 2018, 556 (7699): 95 - 98.

[54] Nakamura F, Watanabe Y, Negishi J, et al. Restoration of the shifting mosaic of floodplain forests under a flow regime altered by a dam [J]. Ecological Engineering, 2020, 157: 105974.

[55] Nijssen B, Schnur R, Lettenmaier D P. Global Retrospective Estimation of Soil Moisture Using the Variable Infiltration Capacity Land Surface Model, 1980 - 93 [J]. Journal of Climate, 2001, 14 (8): 1790 - 1808.

[56] Nilsson C, Berggren K. Alterations of riparian ecosystems caused by river regulation: Dam operations have caused global - scale ecological changes in riparian ecosystems. How

to protect river environments and human needs of rivers remains one of the most important questions of our time [J]. BioScience，2000，50 (9)：783－792.

[57] Nilsson C，Reidy C A，Dynesius M，et al. Fragmentation and flow regulation of the world's large river systems [J]. Science，2005，308 (5720)：405－408.

[58] Olden J D，Poff N L. Redundancy and the choice of hydrologic indices for characterizing streamflow regimes [J]. River Research and Applications，2003，19 (2)：101－121.

[59] Palmer M，Ruhi A. Linkages between flow regime，biota，and ecosystem processes：Implications for river restoration [J]. Science，2019，365 (6459)：eaaw2087.

[60] Poff N L，Allan J D，Bain M B，et al. The natural flow regime [J]. BioScience，1997，47 (11)：769－784.

[61] Poff N L，Olden J D，Merritt D M，et al. Homogenization of regional river dynamics by dams and global biodiversity implications [J]. Proceedings of the National Academy of Sciences，2007，104 (14)：5732－5737.

[62] Poff N L，Zimmerman J K H. Ecological responses to altered flow regimes：A literature review to inform the science and management of environmental flows [J]. Freshwater Biology，2010，55 (1)：194－205.

[63] Richter B，Baumgartner J，Wigington R，et al. How much water does a river need? [J]. Freshwater Biology，1997，37 (1)：231－249.

[64] Richter B D，Baumgartner J V，Powell J，et al. A method for assessing hydrologic alteration within ecosystems [J]. Conservation Biology，1996，10 (4)：1163－1174.

[65] Schick R S，Lindley S T. Directed connectivity among fish populations in a riverine network [J]. Journal of Applied Ecology，2007，44 (6)：1116－1126.

[66] Sedighkia M，Datta B，Abdoli A. Minimizing physical habitat impacts at downstream of diversion dams by a multiobjective optimization of environmental flow regime [J]. Environmental Modelling & Software，2021，140：105029.

[67] Seesholtz A，Cavallo B，Kindopp J，et al. Juvenile fishes of the Lower Feather River：Distribution，emigration patterns，and associations with environmental variables；proceedings of the 6American Fisheries Society Symposium，Bethesda，Maryland，F，2004 [C]. American Fisheries Society.

[68] Shiau J－T，Wu F－C. Pareto－optimal solutions for environmental flow schemes incorporating the intra－annual and interannual variability of the natural flow regime [J]. Water Resources Research，2007，43 (6).

[69] Shukla S，Wood A W. Use of a standardized runoff index for characterizing hydrologic drought [J]. Geophysical Research Letters，2008，35 (2).

[70] Stahl K，Tallaksen L M，Hannaford J，et al. Filling the white space on maps of European runoff trends：estimates from a multi－model ensemble [J]. Hydrol Earth Syst Sci，2012，16 (7)：2035－2047.

[71] Stefanidis K，Varlas G，Vourka A，et al. Delineating the relative contribution of climate related variables to chlorophyll－a and phytoplankton biomass in lakes using the ERA5－Land climate reanalysis data [J]. Water Research，2021，196：117053.

[72] Tang G, Clark M P, Papalexiou S M. SC - Earth: A station - based serially complete earth dataset from 1950 to 2019 [J]. Journal of Climate, 2021a, 34 (16): 6493 - 6511.

[73] Tang G, Clark M P, Papalexiou S M. The use of serially complete station data to improve the temporal continuity of gridded precipitation and temperature estimates [J]. Journal of Hydrometeorology, 2021b, 22 (6): 1553 - 1568.

[74] Tang Q, Oki T, Kanae S, et al. The influence of precipitation variability and partial irrigation within grid cells on a hydrological simulation [J]. Journal of Hydrometeorology, 2007, 8 (3): 499 - 512.

[75] Tonkin J D, Olden J D, Merritt D M, et al. Designing flow regimes to support entire river ecosystems [J]. Frontiers in Ecology and the Environment, 2021, 19 (6): 326 - 333.

[76] Van Der Knijff J M, Younis J, De Roo A P J. LISFLOOD: a GIS - based distributed model for river basin scale water balance and flood simulation [J]. International Journal of Geographical Information Science, 2010, 24 (2): 189 - 212.

[77] Vogel R M, Sieber J, Archfield S A, et al. Relations among storage, yield, and instream flow [J]. Water Resources Research, 2007, 43 (5).

[78] Vörösmarty C J, Moore Iii B, Grace A L, et al. Continental scale models of water balance and fluvial transport: An application to South America [J]. Global Biogeochemical Cycles, 1989, 3 (3): 241 - 265.

[79] Wang K, Shi H, Chen J, et al. An improved operation - based reservoir scheme integrated with Variable Infiltration Capacity model for multiyear and multipurpose reservoirs [J]. Journal of Hydrology, 2019, 571: 365 - 375.

[80] Wang W, Xie P, Yoo S - H, et al. An assessment of the surface climate in the NCEP climate forecast system reanalysis [J]. Climate Dynamics, 2011, 37 (7): 1601 - 1620.

[81] Wang Y, Rhoads B L, Wang D. Assessment of the flow regime alterations in the middle reach of the Yangtze River associated with dam construction: potential ecological implications [J]. Hydrological Processes, 2016, 30 (21): 3949 - 3966.

[82] Wang Y, Zhang N, Wang D, et al. Investigating the impacts of cascade hydropower development on the natural flow regime in the Yangtze River, China [J]. Science of The Total Environment, 2018, 624: 1187 - 1194.

[83] Warfe D M, Hardie S A, Uytendaal A R, et al. The ecology of rivers with contrasting flow regimes: Identifying indicators for setting environmental flows [J]. Freshwater Biology, 2014, 59 (10): 2064 - 2080.

[84] Wenger S J, Isaak D J, Luce C H, et al. Flow regime, temperature, and biotic interactions drive differential declines of trout species under climate change [J]. Proceedings of the National Academy of Sciences, 2011, 108 (34): 14175.

[85] Wood A W, Maurer E P, Kumar A, et al. Long - range experimental hydrologic forecasting for the eastern United States [J]. Journal of Geophysical Research: Atmospheres, 2002, 107 (D20): ACL 6 - 1 - ACL 6 - 15.

[86] Wu J，Liu Z，Yao H，et al. Impacts of reservoir operations on multi - scale correlations between hydrological drought and meteorological drought [J]. Journal of Hydrology，2018，563：726 - 736.

[87] Wu J，Yen H，Arnold J G，et al. Development of reservoir operation functions in SWAT+ for national environmental assessments [J]. Journal of Hydrology，2020，583：124556.

[88] Yang T，Gao X，Sellars S L，et al. Improving the multi - objective evolutionary optimization algorithm for hydropower reservoir operations in the California Oroville - Thermalito complex [J]. Environmental Modelling & Software，2015，69：262 - 279.

[89] Yang T，Gao X，Sorooshian S，et al. Simulating California reservoir operation using the classification and regression - tree algorithm combined with a shuffled cross - validation scheme [J]. Water Resources Research，2016，52 (3)：1626 - 1651.

[90] Yang Y，Pan M，Lin P，et al. Global Reach - Level 3 - Hourly River Flood Reanalysis (1980—2019) [J]. Bulletin of the American Meteorological Society，2021，102 (11)：E2086 - E2105.

[91] Yuan X. An experimental seasonal hydrological forecasting system over the Yellow River basin - Part 2：The added value from climate forecast models [J]. Hydrol Earth Syst Sci，2016，20 (6)：2453 - 2466.

[92] Yuan X，Wood E F. Downscaling precipitation or bias - correcting streamflow? Some implications for coupled general circulation model (CGCM) - based ensemble seasonal hydrologic forecast [J]. Water Resources Research，2012，48 (12).

[93] Zaherpour J，Gosling S N，Mount N，et al. Worldwide evaluation of mean and extreme runoff from six global - scale hydrological models that account for human impacts [J]. Environmental Research Letters，2018，13 (6)：65015.

[94] Zajac Z，Revilla - Romero B，Salamon P，et al. The impact of lake and reservoir parameterization on global streamflow simulation [J]. Journal of Hydrology，2017，548：552 - 568.

[95] Zandler H，Senftl T，Vanselow K A. Reanalysis datasets outperform other gridded climate products in vegetation change analysis in peripheral conservation areas of Central Asia [J]. Scientific Reports，2020，10 (1)：22446.

[96] Zhang Y，Arthington A H，Bunn S E，et al. Classification of flow regimes for environmental flow assessment in regulated rivers：The Huai River basin，China [J]. River Research and Applications，2012，28 (7)：989 - 1005.

[97] Zhao Q，Li D，Cai X. Online generic diagnostic reservoir operation tools [J]. Environmental Modelling & Software，2021，135：104918.

[98] Zhao T，Bennett J C，Wang Q J，et al. How suitable is quantile mapping for postprocessing GCM precipitation forecasts? [J]. Journal of Climate，2017，30 (9)：3185 - 3196.

[99] Zhao T，Cai X，Lei X，et al. Improved dynamic programming for reservoir operation optimization with a concave objective function [J]. Journal of Water Resources Planning and Management，2012，138 (6)：590 - 596.

[100] Zhao T, Chen Z, Tu T, et al. Unravelling the potential of global streamflow reanalysis in characterizing local flow regime [J]. Science of The Total Environment, 2022, 838: 156125.

[101] Zhao T, Zhao J, Yang D. Improved dynamic programming for hydropower reservoir operation [J]. Journal of Water Resources Planning and Management, 2014, 140 (3): 365-374.

[102] Zhu T, Jenkins M W, Lund J R. Estimated impacts of climate warming on California water availability under twelve future climate scenarios1 [J]. JAWRA Journal of the American Water Resources Association, 2005, 41 (5): 1027-1038.

[103] Zolezzi G, Bellin A, Bruno M C, et al. Assessing hydrological alterations at multiple temporal scales: Adige River, Italy [J]. Water Resources Research, 2009, 45 (12).

[104] 陈启慧，夏自强，郝振纯，等. 计算生态需水的RVA法及其应用 [J]. 水资源保护，2005：4-5，11.

[105] 程俊翔，徐力刚，姜加虎. 水文改变指标体系在生态水文研究中的应用综述 [J]. 水资源保护，2018，34：24-32.

[106] 董哲仁，张晶，赵进勇. 环境流理论进展述评 [J]. 水利学报，2017a，48 (6)：670-677.

[107] 董哲仁，赵进勇，张晶. 环境流计算新方法：水文变化的生态限度法 [J]. 水利水电技术，2017b，48 (1)：11-17.

[108] 荀娇娇，缪驰远，徐宗学，等. 大尺度水文模型参数不确定性分析的挑战与综合研究框架 [J]. 水科学进展，2022 (2)：33.

[109] 顾西辉，张强，孔冬冬，等. 基于多水文改变指标评价东江流域河流流态变化及其对生物多样性的影响 [J]. 生态学报，2016，36：6079-6090.

[110] 郭强，孟元可，樊龙凤，等. 基于IHA/RVA法的近年来鄱阳湖生态水位变异研究 [J]. 长江流域资源与环境，2019，28：1691-1701.

[111] 郭文献，陈鼎新，李越，等. 基于IHA-RVA法金沙江下游生态水文情势评价 [J]. 水利水电技术，2018a，49：155-162.

[112] 郭文献，李越，王鸿翔，等. 基于IHA-RVA法三峡水库下游河流生态水文情势评价 [J]. 长江流域资源与环境，2018b，27：2014-2021.

[113] 胡和平，刘登峰，田富强，等. 基于生态流量过程线的水库生态调度方法研究 [J]. 水科学进展，2008，325-332.

[114] 胡伟，马伟强，马耀明，等. GLDAS资料驱动的Noah-MP陆面模式青藏高原地表能量交换模拟性能评估 [J]. 高原气象，2020，39：486-498.

[115] 江春波，周琦，申言霞，等. 山区流域洪涝预报水文与水动力耦合模型研究进展 [J]. 水利学报，2021，52：1137-1150.

[116] 李栋楠，赵建世. 梯级水库调度的发电-生态效益均衡分析 [J]. 水力发电学报，2016，35 (2)：37-44.

[117] 廖捷，胡开喜，江慧，等. 全球大气再分析常规气象观测资料的预处理与同化应用 [J]. 气象科技进展，2018，8：133-142.

[118] 刘昌明，门宝辉，赵长森．生态水文学：生态需水及其与流速因素的相互作用［J］．水科学进展，2020，31（5）：765－774．

[119] 骆文广，杨国录，宋云浩，等．再议水库生态环境调度［J］．水科学进展，2016，27：317－326．

[120] 宋兰兰，陆桂华，刘凌．水文指数法确定河流生态需水［J］．水利学报，2006，(11)：1336－1341．

[121] 孙妍，王秀茹．引黄入冀补淀工程引黄口径流变化及成因分析［J］．水生态学杂志，2020，41（6）：19－26．

[122] 唐玉兰，王雅峰，马甜甜，等．观音阁水库建设运行对太子河本溪段水文情势影响［J］．水文，2020，40：92－96，79．

[123] 唐蕴，王浩，严登华，等．嫩江流域近45年来径流演变规律研究［J］．地理科学，2009，29：864－868．

[124] 王浩，王建华，胡鹏．水资源保护的新内涵："量-质-域-流-生"协同保护和修复［J］．水资源保护，2021，37（2）：1－9．

[125] 王鸿翔，查胡飞，卓志宇，等．基于IHA－RVA法四水流域水文情势变化评估［J］．中国水利水电科学研究院学报，2019，17：169－177．

[126] 王加全，马细霞，李艳．基于水文指标变化范围法的水库生态调度方案评价［J］．水力发电学报，2013，32（1）：107－112．

[127] 王俊娜，李翀，廖文根．三峡-葛洲坝梯级水库调度对坝下河流的生态水文影响［J］．水力发电学报，2011，30（2）：84－90，95．

[128] 王立明，徐宁，高金强．基于干旱河道生态修复的岳城水库生态调度［J］．水资源保护，2017，33（6）：32－37．

[129] 王龙欢，谢正辉，贾炳浩，等．陆面过程模式研究进展——以CAS－LSM为例［J］．高原气象，2021，40：1347－1363．

[130] 王蕊，夏军．近40年黄河中游径流情势变化分析［J］．水文，2007，(5)：74－77．

[131] 王未，张永勇．黄河流域径流情势区域变化特征分析［J］．水资源与水工程学报，2020，31（3）：59－65．

[132] 王西琴，刘昌明，杨志峰．生态及环境需水量研究进展与前瞻［J］．水科学进展，2002，(4)：507－514．

[133] 王西琴，刘昌明，张远．黄淮海平原河道基本环境需水研究［J］．地理研究，2003a，(2)：169－176．

[134] 王西琴，张远，刘昌明．河道生态及环境需水理论探讨［J］．自然资源学报，2003b，(2)：240－246．

[135] 王煜，戴会超，王冰伟，等．优化中华鲟产卵生境的水库生态调度研究［J］．水利学报，2013，44：319－326．

[136] 王元超，王旭，雷晓辉，等．丹江口水库入库径流特征及其演变规律［J］．南水北调与水利科技，2015，13：15－19．

[137] 吴晶璐，惠品宏，刘建勇，等．江淮流域极端降水时空变化特征：站点观测和再分析的对比［J］．大气科学学报，2019，42：207－220．

[138] 吴燕锋，章光新，齐鹏，等．耦合湿地模块的流域水文模型模拟效率评价［J］．水科

学进展，2019，30：326－336.

［139］ 夏军，石卫，雒新萍，等．气候变化下水资源脆弱性的适应性管理新认识［J］．水科学进展，2015，26：279－286.

［140］ 夏军，朱一中．水资源安全的度量：水资源承载力的研究与挑战［J］．自然资源学报，2002，(3)：262－269.

［141］ 夏军，左其亭，韩春辉．生态水文学学科体系及学科发展战略［J］．地球科学进展，2018，33（7）：665－674.

［142］ 夏致远，钟平安，徐斌，等．基于专家系统的多年调节水库年消落水位优选［J］．水力发电学报，2019，38：87－95.

［143］ 于洋，韩宇，李栋楠，等．澜沧江-湄公河流域跨境水量-水能-生态互馈关系模拟［J］．水利学报，2017，48：720－729.

［144］ 张爱静，董哲仁，赵进勇，等．黄河水量统一调度与调水调沙对河口的生态水文影响［J］．水利学报，2013，44：987－993.

［145］ 张利平，夏军，胡志芳．中国水资源状况与水资源安全问题分析［J］．长江流域资源与环境，2009，18（2）：116－120.

［146］ 张晓琦，刘攀，陈进，等．基于条件风险价值理论的水库群防洪库容协同作用［J］．水科学进展，2022，33：298－305.

［147］ 张永勇，夏军，翟晓燕．闸坝的水文水环境效应及其量化方法探讨［J］．地理科学进展，2013，32（1）：105－113.

［148］ 张宗娇，张强，顾西辉，等．水文变异条件下的黄河干流生态径流特征及生态效应［J］．自然资源学报，2016，31：2021－2033.

［149］ 赵铜铁钢，雷晓辉，蒋云钟，等．水库调度决策单调性与动态规划算法改进［J］．水利学报，2012，43：414－421.

［150］ 钟平安，曹明霖，万新宇，等．灌溉水库宽浅型优化调度目标函数改进及应用［J］．河海大学学报（自然科学版），2015，43：511－517.

［151］ 周毅，崔同，高满，等．考虑不同水文年及IHA指标相关性的水文特征评估方法［J］．水文，2017，37：20－25.

［152］ 左其亭．干旱半干旱地区植被生态用水计算［J］．水土保持学报，2002，（3）：114－117.

［153］ 左其亭，梁士奎．基于水文情势分析的闸控河流生态需水调控模型研究［J］．水力发电学报，2016，35（12）：70－76.

［154］ 左其亭，张云，林平．人水和谐评价指标及量化方法研究［J］．水利学报，2008，(4)：440－447.